超简单
用 Python

让 Excel
飞起来

核心模块语法详解篇

快学习教育◎编著

 机械工业出版社
China Machine Press

图书在版编目（CIP）数据

超简单：用 Python 让 Excel 飞起来 . 核心模块语法详解篇 / 快学习教育编著 . — 北京：机械工业出版社，2021.9（2023.1 重印）

ISBN 978-7-111-69091-7

I. ①超… II. ①快… III. ①软件工具－程序设计②表处理软件 IV. ①TP311.561②TP391.13

中国版本图书馆 CIP 数据核字（2021）第 184565 号

本书从 Excel 办公自动化涉及的 Python 模块中精选了 4 个核心模块，全面而系统地介绍这些模块中常用的函数和属性的语法格式、参数及使用方法。

全书共 7 章，分为 3 个部分。第 1 部分为第 1 章，介绍用于完成路径、文件夹和文件操作的 pathlib 模块。第 2 部分为第 2 ~ 5 章，介绍用于完成 Excel 办公操作的 xlwings 和 openpyxl 模块。第 3 部分为第 6 章和第 7 章，介绍用于导入和整理数据的 pandas 模块。

本书理论知识精练，案例典型实用，学习资源齐备，不仅适合有一定 Excel 基础又想进一步提高工作效率的办公人员系统地学习 Python 办公自动化知识与技能，而且适合作为速查速用的实用手册，方便 Python 编程爱好者参考。

超简单：用Python让Excel飞起来（核心模块语法详解篇）

出版发行：机械工业出版社（北京市西城区百万庄大街 22 号　邮政编码：100037）

责任编辑：刘立卿　　　　　　　　　　　　责任校对：庄　瑜

印　　刷：三河市国英印务有限公司　　　　版　　次：2023 年 1 月第 1 版第 3 次印刷

开　　本：190mm×210mm　1/24　　　　　印　　张：12.5

书　　号：ISBN 978-7-111-69091-7　　　　定　　价：79.80 元

客服电话：（010）88361066　68326294

前言
Preface

为满足广大职场人士用 Python 实现 Excel 办公自动化的需要，我们于 2020 年 8 月编写出版了《超简单：用 Python 让 Excel 飞起来》。2021 年 7 月，我们又根据读者的反馈进行改进，采用新的编写思路和内容架构，编写出版了《超简单：用 Python 让 Excel 飞起来（实战 150 例）》。这两本书侧重于以案例的形式帮助读者解决实际问题，但是由于篇幅有限，对于代码中涉及的模块、函数和属性只做了简要介绍，故而有部分读者反映读起来不够"解渴"。为了更好地满足读者的学习需求，我们又组织编写了这本《超简单：用 Python 让 Excel 飞起来（核心模块语法详解篇）》，作为前面两本书的配套用书。

本书从 Excel 办公自动化涉及的 Python 模块中精选了 4 个核心模块，全面而系统地介绍这些模块中常用的函数和属性。全书共 7 章，分为 3 个部分。第 1 部分为第 1 章，介绍用于完成路径、文件夹和文件操作的 pathlib 模块。第 2 部分为第 2 ～ 5 章，介绍用于完成 Excel 办公操作的 xlwings 和 openpyxl 模块。第 3 部分为第 6 章和第 7 章，介绍用于导入和整理数据的 pandas 模块。

本书不仅用通俗易懂的语言详细介绍了函数和属性的语法格式、参数及使用方法，还通过多个应用场景展示了函数和属性的实际应用效果，从而让读者能够学以致用。

本书理论知识精练，案例典型实用，学习资源齐备，不仅适合有一定 Excel 基础又想进一步提高工作效率的办公人员系统地学习 Python 办公自动化知识与技能，而且适合作为速查速用的实用手册，方便 Python 编程爱好者参考。

由于编者水平有限，本书难免有不足之处，恳请广大读者批评指正。读者可扫描封面前勒口上的二维码关注公众号获取资讯，也可加入 QQ 群 724741308 进行交流。

编者
2021 年 8 月

导 读
Introduction

一、"超简单"系列书籍的关系

目前"超简单"系列书籍共有 3 本：《超简单：用 Python 让 Excel 飞起来》《超简单：用 Python 让 Excel 飞起来（实战 150 例)》《超简单：用 Python 让 Excel 飞起来（核心模块语法详解篇)》。下面简单说明一下这 3 本书之间的关系。

《超简单：用 Python 让 Excel 飞起来》是系列的第 1 本书，总体上采用"先理论后实践"的编写思路。理论部分主要介绍 Python 基础语法知识和 Excel 自动化办公涉及的 Python 模块的基本用法，实践部分则以情景对话的方式引入案例，并通过"举一反三"栏目对案例的应用场景进行扩展和延伸。

《超简单：用 Python 让 Excel 飞起来（实战 150 例)》是系列的第 2 本书。它在保留第 1 本书的优点的基础上，采用新的"以应用为导向"的编写思路，开门见山地快速进入实践环节，通过精心设计的典型案例引出相关的理论知识。此外，这本书还有两大亮点：一是案例更加丰富；二是对初学者常见的编程问题进行了指点，帮助读者少走弯路。

总体上来说，上述两本书都具有较强的实用性，代码也都附有详细、易懂的注解，非常适合初学者学习。但是限于篇幅，这两本书对于一些函数和属性的用法只做了简要介绍，没有进一步展开。为了弥补这一不足，系列的第 3 本书——《超简单：用 Python 让 Excel 飞起来（核心模块语法详解篇)》诞生了。它是前两本书的配套用书，相当于一本语法手册，从 Excel 办公自动化涉及的 Python 模块中精选了 4 个核心模块，以通俗易懂的语言全面而系统地介绍这些模块中常用的函数和属性，包括语法格式、参数及使用方法等，并通过案例展示函数和属性的实际应用效果。

建议读者根据自己的学习习惯，从系列的第 1 本书或第 2 本书中选择一本作为主要学习材料，再搭配第 3 本书作为辅助学习材料。

二、常用术语的解释

在 Python 中，大多数办公操作是通过模块中对象的属性和函数实现的，因此，有必要对模块、对象、属性、函数等编程术语有一定的了解。下面简单介绍这些术语的含义。

模块：Python 中的模块又称为库或包，简单来说，每一个以 ".py" 为扩展名的文件都可以称为一个模块。Python 中的模块主要分为内置模块、第三方的开源模块和自定义模块 3 种。内置模块是指 Python 自带的模块，本书第 1 部分介绍的 pathlib 模块就是一个内置模块。第三方的开源模块是由一些程序员或企业开发并免费分享给大家使用的，用于实现某一个大类的功能。例如，第 2 部分介绍的 xlwings 和 openpyxl 就是专门用于控制 Excel 的模块，第 3 部分介绍的 pandas 模块则是专门用于导入和处理数据的模块。自定义模块是指 Python 用户将自己编写的代码或函数封装成模块，以便在编写其他程序时调用。

对象：Python 中的对象可以理解为用户想要通过 Python 控制或管理的东西，如路径、工作簿、工作表、单元格等。要想更改对象的某个特性或控制对象完成某个操作，首先需要创建对象。例如，要针对一个路径完成某项操作，就要先用 pathlib 模块创建一个 Path 对象来代表这个路径；要针对一个工作表完成某项操作，则要先用 xlwings 模块创建一个 Sheet 对象来代表这个工作表。创建了所需对象后，再通过该对象调用某个属性或函数来实现所需操作。

属性：在 Python 中，每一种对象都有一定的特性，这些特性被称为属性。在程序中获取属性的值，可提取相应的数据；而为属性赋值，则可改变对象的特性。例如，Sheet 对象有一个 name 属性，代表工作表的名称。那么在程序中获取一个 Sheet 对象的 name 属性的值，就可以得到相应工作表的名称；而为一个 Sheet 对象的 name 属性赋一个新的值，则可改变相应工作表的名称，相当于完成了工作表的重命名。

函数：一个对象所能执行的操作称为对象的函数（又称为对象的方法）。例如，要新建一个文件夹，可以调用 Path 对象的 mkdir() 函数；要删除一个工作表，可以调用 Sheet 对象的 delete() 函数。

三、本书的 Python 编程环境

本书使用 Anaconda 作为 Python 解释器，使用 PyCharm 作为代码编辑器。这两个软件的下载、安装和使用方法请参考《超简单：用 Python 让 Excel 飞起来》或《超简单：用 Python 让 Excel 飞起来（实战 150 例）》。

目 录
Contents

第 2 部分　Excel 文件处理——xlwings 和 openpyxl 模块

第 2 章　用 xlwings 模块管理工作簿

第 3 章　用 xlwings 模块管理工作表

第 4 章 用 xlwings 模块管理单元格

第 5 章　openpyxl 模块常用操作

第 3 部分 数据导入和整理——pandas 模块

第 6 章 数据处理基本操作

第 7 章　数据处理进阶操作

第 1 部分

路径、文件夹和文件处理
——pathlib 模块

在《超简单：用 Python 让 Excel 飞起来》一书中，主要使用 os 模块来
处理路径、文件夹和文件。本书则要介绍另一个功能类似的模块 pathlib，它
使用起来更加灵活，可以帮助我们编写出更加简洁、易读的代码。

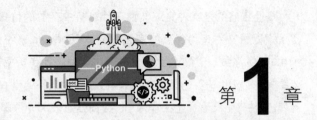

第 1 章

操作路径、文件夹和文件

pathlib 是 Python 的内置模块,无须单独安装。它从 Python 3.4 开始引入,将原先散落在 os、glob 等模块中的路径、文件夹和文件处理功能集中起来,以面向对象的方式提供给用户,让用户能轻松地编写出具备更好的跨平台兼容性的代码。

1.1 路径操作

路径描述的是文件夹或文件在计算机中存放的位置，又分为绝对路径和相对路径。绝对路径是指以根文件夹为起点的完整路径，Windows 系统以 "C:\" "D:\" 等作为根文件夹，Linux 和 macOS 系统以 "/" 作为根文件夹。相对路径是指相对于当前工作目录（即当前运行的 ".py" 文件所在的文件夹）的路径。例如，假设当前运行的 ".py" 文件位于文件夹 "F:\python\ 第 1 章" 下，该文件夹下还有一个工作簿 "供应商信息表.xlsx"，那么该工作簿的绝对路径为 "F:\python\ 第 1 章 \ 供应商信息表.xlsx"，相对路径为 "供应商信息表.xlsx"。

pathlib 模块提供的路径操作包括路径的获取、分解、拼接、修改等。需要注意的是，路径操作只针对路径对象本身，并不会影响硬盘上实际存在的文件夹或文件。通过路径对象对文件夹或文件执行实际操作的内容将在 1.2 节讲解。

1.1.1 Path 对象——创建路径对象

在 pathlib 模块中，要执行关于路径、文件夹和文件的操作，首先需要创建一个路径对象，最基本的方法是使用 Path 对象来创建路径对象。其语法格式如下：

pathlib.Path(path_string)

参数说明：

path_string：一个以字符串形式给出的路径，可以是绝对路径或相对路径。Windows 系统中路径的分隔符是 "\"，该字符在 Python 中有特殊含义，因此，在 Python 代码中书写 Windows 路径字符串有一定的讲究。具体来说，可以用 "\\" 或 "/" 代替 "\"，也可以为路径字符串加上字母 r 的前缀，演示代码如下：

```
1    'F:\\python\\第1章\\供应商信息表.xlsx'
2    'F:/python/第1章/供应商信息表.xlsx'
3    r'F:\python\第1章\供应商信息表.xlsx'
```

以上列出了路径字符串的 3 种书写格式，读者可根据自己的习惯任意选用一种。本书主要使用第 1 种书写格式。

应用场景 创建一个绝对路径对象

  ◎ 代码文件：Path对象.py

本案例要创建一个绝对路径对象，指向文件夹"F:\python\ 第 1 章"中的工作簿"供应商信息表.xlsx"，演示代码如下：

```
1  from pathlib import Path  # 导入pathlib模块中的Path对象
2  p = Path('F:\\python\\第1章\\供应商信息表.xlsx')  # 创建一个绝对路径对象
3  print(p)  # 输出创建的绝对路径对象
```

代码运行结果如下：

```
1  F:\python\第1章\供应商信息表.xlsx
```

1.1.2 cwd() 函数和 home() 函数——获取特殊路径

pathlib 模块中的 cwd() 函数用于获取当前工作目录的绝对路径对象，home() 函数用于获取当前用户文件夹的绝对路径对象。这两个函数的语法格式如下：

pathlib.Path.cwd / home()

应用场景 获取当前工作目录和用户文件夹的绝对路径对象

  ◎ 代码文件：cwd()函数和home()函数.py

假设当前操作系统是 Windows 10，登录的用户名为"Eason"。启动 PyCharm，创建一个新项目，项目文件夹为"F:\python\ 第 1 章"，在项目文件夹下新建代码文件"cwd()函数和 home() 函数.py"，然后在代码文件中输入如下代码：

```
1    from pathlib import Path   # 导入pathlib模块中的Path对象
2    p1 = Path.cwd()   # 获取当前工作目录的绝对路径对象
3    p2 = Path.home()   # 获取当前用户文件夹的绝对路径对象
4    print(p1)   # 输出当前工作目录的绝对路径对象
5    print(p2)   # 输出当前用户文件夹的绝对路径对象
```

代码运行结果如下：

```
1    F:\python\第1章
2    C:\Users\Eason
```

1.1.3　parts 属性——分解路径

路径对象的 parts 属性用于按照路径分隔符分解路径。其语法格式如下：

表达式.parts

参数说明：

表达式：一个路径对象。

利用 parts 属性分解路径得到的各组成部分是一个个字符串，并且会存储在一个元组中返回。再通过“元组 [索引号]”的方式提取元组的单个元素，就能得到路径的某个部分。

应用场景 **分解指定路径并提取路径的某个部分**

 ◎ 代码文件：parts属性.py

本案例要使用 parts 属性对路径“F:\python\ 第 1 章 \ 供应商信息表.xlsx”进行分解，并提取路径的第 1 部分（即“F:\”）和第 3 部分（即“第 1 章”），演示代码如下：

```
1    from pathlib import Path   # 导入pathlib模块中的Path对象
```

```
2   p = Path('F:\\python\\第1章\\供应商信息表.xlsx')   # 指定要分解的路径
3   p_part = p.parts   # 获取路径的各个组成部分
4   a = p_part[0]   # 提取元组的第1个元素，即路径的第1部分
5   b = p_part[2]   # 提取元组的第3个元素，即路径的第3部分
6   print(p_part)   # 输出路径的各个组成部分
7   print(a)   # 输出路径的第1部分
8   print(b)   # 输出路径的第3部分
```

代码运行结果如下：

```
1   ('F:\\', 'python', '第1章', '供应商信息表.xlsx')
2   F:\
3   第1章
```

1.1.4　parent 属性和 parents 属性——获取上级路径

路径对象的 parent 属性和 parents 属性用于从指定路径中提取上级路径。其语法格式如下：

表达式.parent / parents

参数说明：

表达式：一个路径对象。

parent 属性仅返回指定路径的上一级路径。parents 属性则会返回一个序列，其中包含所有层级的上级路径，可以通过索引号来提取指定级数的上级路径，如下图所示。

应用场景 1　用 parent 属性提取指定路径的上级路径

◎ 代码文件：parent属性.py

　　本案例要使用 parent 属性从路径 "F:\python\ 第 1 章 \ 供应商信息表.xlsx" 中提取上级路径，演示代码如下：

```
1    from pathlib import Path  # 导入pathlib模块中的Path对象
2    p = Path('F:\\python\\第1章\\供应商信息表.xlsx')  # 指定一个路径
3    file_parent1 = p.parent  # 提取指定路径的上一级路径
4    file_parent2 = p.parent.parent  # 提取指定路径的上二级路径
5    file_parent3 = p.parent.parent.parent  # 提取指定路径的上三级路径
6    print(file_parent1)  # 输出提取的上一级路径
7    print(file_parent2)  # 输出提取的上二级路径
8    print(file_parent3)  # 输出提取的上三级路径
```

　　代码运行结果如下：

```
1    F:\python\第1章
2    F:\python
3    F:\
```

应用场景 2　用 parents 属性提取指定路径的上级路径

◎ 代码文件：parents属性1.py

　　本案例要使用 parents 属性从路径 "F:\python\ 第 1 章 \ 供应商信息表.xlsx" 中提取全部上级路径，然后用索引号提取指定级数的上级路径，演示代码如下：

```
1   from pathlib import Path   # 导入pathlib模块中的Path对象
2   p = Path('F:\\python\\第1章\\供应商信息表.xlsx')   # 指定一个路径
3   file_parent1 = p.parents[0]   # 提取指定路径的上一级路径
4   file_parent2 = p.parents[1]   # 提取指定路径的上二级路径
5   file_parent3 = p.parents[2]   # 提取指定路径的上三级路径
6   print(file_parent1)   # 输出提取的上一级路径
7   print(file_parent2)   # 输出提取的上二级路径
8   print(file_parent3)   # 输出提取的上三级路径
```

代码运行结果如下：

```
1   F:\python\第1章
2   F:\python
3   F:\
```

 应用场景 3　用 parents 属性提取指定路径的上级路径

 ◎ 代码文件：parents属性2.py

本案例要使用 parents 属性从路径 "F:\python\ 第 1 章 \ 供应商信息表.xlsx" 中提取全部上级路径，然后用 for 语句依次提取各个级数的上级路径，演示代码如下：

```
1   from pathlib import Path   # 导入pathlib模块中的Path对象
2   p = Path('F:\\python\\第1章\\供应商信息表.xlsx')   # 指定一个路径
3   file_parent = p.parents   # 提取指定路径的全部上级路径
4   for i in file_parent:   # 遍历提取的上级路径
5       print(i)   # 依次输出各个级数的上级路径
```

代码运行结果如下：

```
1    F:\python\第1章
2    F:\python
3    F:\
```

1.1.5 name 属性和 stem 属性——获取文件全名、文件主名和文件夹名

路径对象的 name 属性和 stem 属性用于提取路径的最后一个部分，并返回一个字符串。两者的区别是如果最后一个部分包含扩展名，stem 属性会将扩展名删除。其语法格式如下：

表达式.name / stem

参数说明：

表达式：一个路径对象。

具体到实际应用，如果路径指向的是一个文件，那么 name 属性提取的是文件全名（即包含扩展名的文件名），stem 属性提取的则是文件主名（即不包含扩展名的文件名）；如果路径指向的是一个文件夹，那么由于文件夹名通常没有扩展名，name 属性和 stem 属性的提取结果相同，都是文件夹名。

应用场景 从路径中提取文件全名、文件主名和父文件夹名

 ◎ 代码文件：name属性和stem属性.py

假设有路径 "F:\python\ 第 1 章 \ 供应商信息表.xlsx"，现在要从该路径中提取工作簿 "供应商信息表.xlsx" 的文件全名、文件主名和父文件夹名，演示代码如下：

```
1    from pathlib import Path  # 导入pathlib模块中的Path对象
2    p = Path('F:\\python\\第1章\\供应商信息表.xlsx')  # 指定一个路径
```

```
3    file_name = p.name   # 提取文件全名
4    file_stem = p.stem   # 提取文件主名
5    folder_name = p.parent.name   # 先提取父文件夹路径，再提取父文件夹名
6    folder_stem = p.parent.stem   # 先提取父文件夹路径，再提取父文件夹名
7    print(file_name)   # 输出提取的文件全名
8    print(file_stem)   # 输出提取的文件主名
9    print(folder_name)   # 输出提取的文件夹名
10   print(folder_stem)   # 输出提取的文件夹名
```

上述代码的工作原理如下图所示。

代码运行结果如下：

```
1    供应商信息表.xlsx
2    供应商信息表
3    第1章
4    第1章
```

1.1.6 suffix 属性和 suffixes 属性——获取文件扩展名

路径对象的 suffix 属性和 suffixes 属性用于从路径的最后一个部分中提取扩展名，前者返回的是一个字符串，后者返回的则是一个列表。其语法格式如下：

表达式.suffix / suffixes

参数说明：

表达式：一个路径对象。

具体到实际应用，如果路径指向的是一个文件，并且该文件只有一个扩展名，那么 suffix 属性会返回该扩展名的字符串，而 suffixes 属性返回的是一个列表，列表中只有一个元素，即该扩展名的字符串；如果路径指向的文件有多个扩展名（Linux 和 macOS 中较为多见），那么 suffix 属性会返回最后一个扩展名的字符串，而 suffixes 属性返回的是一个列表，列表中的元素是各个扩展名的字符串；如果路径指向的是一个文件夹，那么由于文件夹名通常没有扩展名，suffix 属性返回的是一个空字符串，suffixes 属性返回的是一个空列表。

应用场景　从路径中提取文件扩展名

 ◎ 代码文件：suffix属性和suffixes属性.py

本案例要用 suffix 属性和 suffixes 属性从不同形式的路径中提取文件扩展名，演示代码如下：

```
from pathlib import Path  # 导入pathlib模块中的Path对象
p1 = Path('F:\\python\\第1章\\供应商信息表.xlsx')  # 指定第1个路径
file_suffix1 = p1.suffix  # 用suffix属性从第1个路径中提取扩展名
file_suffixes1 = p1.suffixes  # 用suffixes属性从第1个路径中提取扩展名
print(file_suffix1)  # 输出用suffix属性提取的扩展名
print(file_suffixes1)  # 输出用suffixes属性提取的扩展名
p2 = Path('F:\\python\\第1章\\library.tar.gz')  # 指定第2个路径
file_suffix2 = p2.suffix  # 用suffix属性从第2个路径中提取扩展名
file_suffixes2 = p2.suffixes  # 用suffixes属性从第2个路径中提取扩展名
print(file_suffix2)  # 输出用suffix属性提取的扩展名
print(file_suffixes2)  # 输出用suffixes属性提取的扩展名
```

代码运行结果如下：

```
.xlsx
['.xlsx']
```

```
3    .gz
4    ['.tar', '.gz']
```

1.1.7 "/"运算符和 joinpath() 函数——拼接路径

pathlib 模块提供了两种拼接路径的工具："/"运算符和 joinpath() 函数。下面分别介绍。

"/"运算符的语法格式如下：

path1 / path2 / path3 ……

参数说明：

path1，path2，path3……：要拼接成路径的项目，可以为字符串或路径对象，但至少要有一个路径对象。

joinpath() 函数的语法格式如下：

表达式.joinpath(path1, path2, path3……)

参数说明：

表达式：一个路径对象。

path1，path2，path3……：要拼接到表达式所代表的路径对象后的项目，可以为字符串或其他路径对象。

应用场景 1 用"/"运算符拼接路径

 ◎ 代码文件："/"运算符.py

本案例要使用"/"运算符拼接一个路径，演示代码如下：

```
1    from pathlib import Path  # 导入pathlib模块中的Path对象
2    path1 = Path('F:\\python')  # 指定第1部分
3    path2 = Path('第1章')  # 指定第2部分
```

```
4    path3 = '员工信息表.xlsx'  # 指定第3部分
5    p = path1 / path2 / path3  # 将上述3个部分拼接成一个路径
6    print(p)  # 输出拼接后的路径
```

代码运行结果如下:

```
1    F:\python\第1章\员工信息表.xlsx
```

应用场景 2　用 joinpath() 函数拼接路径

 ◎ 代码文件: joinpath()函数.py

本案例要使用 joinpath() 函数拼接一个路径, 演示代码如下:

```
1    from pathlib import Path  # 导入pathlib模块中的Path对象
2    path1 = Path('F:\\python')  # 指定第1部分
3    path2 = Path('第1章')  # 指定第2部分
4    path3 = '员工信息表.xlsx'  # 指定第3部分
5    p = path1.joinpath(path2, path3)  # 在第1部分后面依次拼接第2部分和第3
     部分
6    print(p)  # 输出拼接后的路径
```

代码运行结果如下:

```
1    F:\python\第1章\员工信息表.xlsx
```

1.1.8　with_name() 函数和 with_suffix() 函数——更改文件夹名、文件名、扩展名

路径对象的 with_name() 函数用于将路径的最后一个部分替换为指定的字符串。其语法格式如下：

表达式.with_name(name)

参数说明：

表达式：一个路径对象。

name：用于替换路径最后一个部分的字符串。

如果路径只有一个部分，如 Path('F:\\')，则使用 with_name() 函数时会报错。

具体到实际应用，重命名文件夹或文件时需构造新的路径，此时可用 with_name() 函数将原路径的最后一个部分替换为新的名称，得到新路径后再传给其他函数，执行重命名操作。

路径对象的 with_suffix() 函数用于将路径最后一个部分的扩展名替换为指定的字符串。其语法格式如下：

表达式.with_suffix(suffix)

参数说明：

表达式：一个路径对象。

suffix：用于替换路径最后一个部分的扩展名的字符串，必须以"."开头。如果该参数值为空字符串，则表示将路径的扩展名删除。

如果路径没有扩展名，with_suffix() 函数会将新扩展名拼接到路径的尾部。

具体到实际应用，转换文件格式时需构造使用新扩展名的文件路径，此时可用 with_suffix() 函数将原路径的扩展名替换为新扩展名，得到新路径后再传给其他函数，执行另存为等操作。

应用场景　更改路径中的文件名和扩展名

 ◎ 代码文件：with_name()函数和with_suffix()函数.py

本案例要使用 with_name() 函数和 with_suffix() 函数分别更改一个路径中的文件名和扩展

名，演示代码如下：

```
1   from pathlib import Path  # 导入pathlib模块中的Path对象
2   p = Path('F:\\python\\第1章\\员工信息表.xlsx')  # 指定一个路径
3   p1 = p.with_name('员工档案表.xlsx')  # 更改路径中的文件名
4   p2 = p.with_suffix('.xls')  # 更改路径中的扩展名
5   print(p1)  # 输出更改文件名后的路径
6   print(p2)  # 输出更改扩展名后的路径
```

代码运行结果如下：

```
1   F:\python\第1章\员工档案表.xlsx
2   F:\python\第1章\员工信息表.xls
```

1.1.9 is_absolute() 函数——判断指定路径是否为绝对路径

路径对象的 is_absolute() 函数用于判断一个路径是否为绝对路径，如果是绝对路径则返回 True，如果是相对路径则返回 False。其语法格式如下：

表达式.is_absolute()

参数说明：

表达式：一个路径对象。

 应用场景 判断指定的路径是否是绝对路径

 ◎ 代码文件：is_absolute()函数.py

本案例要使用 is_absolute() 函数判断两个路径是否是绝对路径，演示代码如下：

```
1   from pathlib import Path  # 导入pathlib模块中的Path对象
```

```
2    p1 = Path('F:\\python\\第1章\\供应商信息表.xlsx')  # 指定第1个路径
3    p2 = Path('第1章\\供应商信息表.xlsx')  # 指定第2个路径
4    p3 = p1.is_absolute()  # 判断第1个路径是否是绝对路径
5    p4 = p2.is_absolute()  # 判断第2个路径是否是绝对路径
6    print(p3)  # 输出第1个路径的判断结果
7    print(p4)  # 输出第2个路径的判断结果
```

代码运行结果如下，可以看到，函数的判断结果与路径的实际情况相符。

```
1    True
2    False
```

1.2 文件夹和文件操作

掌握了 pathlib 模块的路径操作，就可以通过构造好的路径对象对文件夹或文件执行实际操作了，如文件夹或文件的新建、删除、重命名、状态信息获取等。本节就来讲解相关的知识。

1.2.1 exists() 函数——判断文件夹或文件是否存在

路径对象的 exists() 函数用于判断一个路径指向的文件夹或文件是否存在，如果存在则返回 True，如果不存在则返回 False。其语法格式如下：

表达式.exists()

参数说明：

表达式：一个路径对象。

具体到实际应用，在程序中常常需要将生成的文件保存到指定文件夹下，如果该文件夹不存在，就会报错。为避免手动创建文件夹的麻烦，可先用 exists() 函数进行判断，再根据判断结果执行创建文件夹的指令。此外，在程序中保存文件时，为避免新文件覆盖已有文件导致数据丢失，也可先用 exists() 函数进行判断，再根据判断结果做相应的处理，从而提高程序的安全性。

应用场景　判断指定的文件夹和文件是否存在

 ◎ 代码文件：exists()函数.py

本案例要使用 exists() 函数判断文件夹 "F:\python\ 第 1 章" 是否存在，并判断该文件夹中是否存在工作簿 "供应商信息表.xlsx" 和 "供应商.xlsx"，演示代码如下：

```
1    from pathlib import Path  # 导入pathlib模块中的Path对象
2    p1 = Path('F:\\python\\第1章')  # 给出文件夹的路径
3    p2 = p1 / '供应商信息表.xlsx'  # 给出第1个工作簿的路径
4    p3 = p1 / '供应商.xlsx'  # 给出第2个工作簿的路径
5    print(p1.exists())  # 判断文件夹是否存在
6    print(p2.exists())  # 判断第1个工作簿是否存在
7    print(p3.exists())  # 判断第2个工作簿是否存在
```

代码运行结果如下：

```
1    True
2    True
3    False
```

由运行结果可知，文件夹 "F:\python\ 第 1 章" 是存在的，该文件夹中有名为 "供应商信息表.xlsx" 的工作簿，但没有名为 "供应商.xlsx" 的工作簿。

1.2.2　is_dir() 函数和 is_file() 函数——判断路径指向的对象是文件夹还是文件

路径对象的 is_dir() 函数和 is_file() 函数分别用于判断路径指向的对象是否为文件夹或文件。如果路径指向的对象是文件夹或文件，函数返回 True，否则返回 False。此外，如果路径指向的对象不存在，函数会返回 False。

这两个函数的语法格式如下：

表达式.is_dir / is_file()

参数说明：

表达式：一个路径对象。

应用场景　判断路径指向的对象是文件夹还是文件

 ◎ 代码文件：is_dir()函数和is_file()函数.py

假设计算机硬盘上有如右图所示的文件夹和文件，下面使用 is_dir() 函数和 is_file() 函数分别进行判断，演示代码如下：

```
1    from pathlib import Path  # 导入pathlib模块中的Path对象
2    p1 = Path('F:\\python\\第1章\\工作信息表')  # 指定第1个路径
3    p2 = Path('F:\\python\\第1章\\供应商信息表.xlsx')  # 指定第2个路径
4    print(p1.is_dir())  # 判断第1个路径指向的对象是否为文件夹
5    print(p1.is_file())  # 判断第1个路径指向的对象是否为文件
6    print(p2.is_dir())  # 判断第2个路径指向的对象是否为文件夹
7    print(p2.is_file())  # 判断第2个路径指向的对象是否为文件
```

代码运行结果如下，可以看到，函数的判断结果与路径的实际情况相符。

```
1    True
2    False
3    False
4    True
```

1.2.3　mkdir() 函数和 rmdir() 函数——新建和删除文件夹

路径对象的 mkdir() 函数用于按照指定的路径新建文件夹。其语法格式如下：

表达式.mkdir(parents, exist_ok)

参数说明：

表达式：一个路径对象，指向要新建的文件夹。

parents：当参数值为 False 或者省略该参数时，如果找不到要新建的文件夹的上一级路径，会报错，提示系统找不到指定的路径；当参数值为 True 时，则会自动新建任何不存在的上级路径。

exist_ok：如果要新建的文件夹已存在，当参数值为 False 或者省略该参数时，会报错，提示文件夹已存在，无法新建；当参数值为 True 时，则不会报错。

路径对象的 rmdir() 函数用于按照指定的路径删除文件夹（必须为空文件夹，否则会报错）。其语法格式如下：

表达式.rmdir()

参数说明：

表达式：一个路径对象，指向要删除的文件夹。

应用场景 1　在指定文件夹中新建一个文件夹

◎ 代码文件：mkdir()函数.py

假设计算机硬盘上已有文件夹 "F:\python"，本案例要使用 mkdir() 函数在该文件夹中新建一个文件夹 "test"，演示代码如下：

```
1    from pathlib import Path  # 导入pathlib模块中的Path对象
2    p = Path('F:\\python')  # 指定新建文件夹的上一级路径
3    p1 = p / 'test'  # 构建新建文件夹的完整路径
4    p1.mkdir(parents=False, exist_ok=True)  # 根据构建的路径新建文件夹
```

运行以上代码后，即可在文件夹"F:\python"中看到新建的文件夹"test"，如右图所示。

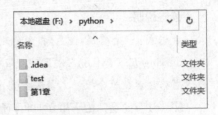

 应用场景 2　删除指定的空文件夹

 ◎ 代码文件：rmdir()函数.py

本案例要使用 rmdir() 函数删除文件夹"F:\python\ 第 1 章"下的空文件夹"信息表"，演示代码如下：

```
1    from pathlib import Path  # 导入pathlib模块中的Path对象
2    p = Path('F:\\python\\第1章\\信息表')  # 指定要删除的空文件夹的路径
3    p.rmdir()  # 根据指定的路径删除空文件夹
```

运行以上代码后，文件夹"F:\python\ 第 1 章"下的空文件夹"信息表"就被删除了。

1.2.4　touch() 函数和 unlink() 函数——新建和删除文件

路径对象的 touch() 函数用于按照指定的路径新建空白文件。其语法格式如下：

表达式.touch(exist_ok)

参数说明：

表达式：一个路径对象，指向要新建的文件。

exist_ok：如果路径指向的文件已存在，当参数值为 False 或者省略该参数时会报错；当参数值为 True 时不会报错，并且文件的修改时间会被更新为当前时间，文件的内容不变。

路径对象的 unlink() 函数用于按照指定的路径删除文件。其语法格式如下：

表达式.unlink(missing_ok)

参数说明：

表达式：一个路径对象，指向要删除的文件。

missing_ok（Python 3.8 及以上版本可用）：如果路径指向的文件不存在，当参数值为 False 或者省略该参数时会报错，当参数值为 True 时则不报错。

需要注意的是，由于用 unlink() 函数删除的文件难以恢复，在实际工作中使用该函数时一定要谨慎，以免因误删文件导致数据丢失。

应用场景 1　在指定文件夹中新建 csv 文件

◎ 代码文件：touch()函数.py

本案例要使用 touch() 函数在文件夹"F:\python"中新建一个文件"员工信息表.csv"，演示代码如下：

```
1   from pathlib import Path  # 导入pathlib模块中的Path对象
2   p = Path('F:\\python\\员工信息表.csv')  # 指定新建文件的路径
3   p.touch(exist_ok=False)  # 根据路径新建文件
```

应用场景 2　删除指定文件夹中的工作簿

◎ 代码文件：unlink()函数.py
◎ 数据文件：库存表.xlsx

本案例要使用 unlink() 函数删除文件夹"F:\python\ 第 1 章"中的工作簿"库存表.xlsx"，演示代码如下：

```
1   from pathlib import Path  # 导入pathlib模块中的Path对象
2   p = Path('F:\\python\\第1章\\库存表.xlsx')  # 指定要删除的工作簿的路径
```

```
3    p.unlink()   # 根据路径删除工作簿
```

1.2.5 rename() 函数和 replace() 函数——重命名或移动文件夹和文件

路径对象的 rename() 函数和 replace() 函数作用相同，都可以重命名或移动文件夹和文件，也就是说可以修改文件夹和文件的名称和存放位置。这两个函数的语法格式如下：

表达式.rename / replace(target)

参数说明：

表达式：一个路径对象，指向要重命名或移动的文件夹或文件。

target：指定文件夹或文件重命名或移动后的新路径，可以为路径对象或路径字符串。如果该参数指向的文件夹或文件已存在，rename() 函数会报错，而 replace() 函数则会直接覆盖。

需要注意的是，这两个函数都只能在同一个磁盘分区中进行操作，否则会报错。

 应用场景 将工作簿重命名并移动到其他文件夹

◎ 代码文件：rename()函数.py
◎ 数据文件：供应商信息表.xlsx

如右图所示，工作簿"供应商信息表.xlsx"位于文件夹"F:\python\ 第 1 章 \ 工作信息表"中，现要将该工作簿重命名为"供应商.xlsx"，并移至文件夹"F:\python"。这里用 rename() 函数进行演示，代码如下：

```
1    from pathlib import Path   # 导入pathlib模块中的Path对象
2    p = Path('F:\\python\\第1章\\工作信息表\\供应商信息表.xlsx')   # 指定
     要重命名并移动的工作簿
```

```
3    p.rename('F:\\python\\供应商.xlsx')    # 执行工作簿的重命名和移动操作
```

运行以上代码后，文件夹"F:\python\第
1章\工作信息表"中的工作簿"供应商信息
表.xlsx"就被移动到文件夹"F:\python"中，
且被重命名为"供应商.xlsx"，如右图所示。

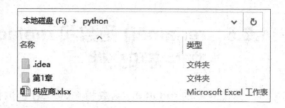

1.2.6 iterdir() 函数——罗列文件夹的内容

路径对象的 iterdir() 函数用于罗列指定文件夹中所有文件和子文件夹的路径。其语法格式如下：

表达式.iterdir()

参数说明：

表达式：一个路径对象，指向一个文件夹。

iterdir() 函数通常配合 for 语句使用，将获取的路径逐个取出，以便做进一步处理。

应用场景 1　罗列指定文件夹的内容

◎ 代码文件：iterdir()函数1.py
◎ 数据文件：工作信息表1（文件夹）

　　假设计算机硬盘中有一个文件夹
"F:\python\第 1 章 \ 工作信息表 1"，其
内容如右图所示。现要获取该文件夹中所
有文件和子文件夹的路径，可以结合使用
iterdir() 函数和 for 语句来实现，演示代码
如下：

```
1    from pathlib import Path    # 导入pathlib模块中的Path对象
```

```
2    p = Path('F:\\python\\第1章\\工作信息表1')  # 指定一个文件夹的路径
3    p1 = p.iterdir()  # 获取指定文件夹中所有文件和子文件夹的路径
4    for i in p1:  # 遍历获取结果
5        print(i)  # 输出获取的路径
```

代码运行结果如下：

```
1    F:\python\第1章\工作信息表1\上半年销售统计
2    F:\python\第1章\工作信息表1\供应商信息表.xlsx
3    F:\python\第1章\工作信息表1\出库表.xlsx
4    F:\python\第1章\工作信息表1\员工档案表.xlsx
5    F:\python\第1章\工作信息表1\库存表.xlsx
6    F:\python\第1章\工作信息表1\采购合同.pdf
```

从运行结果可以看出，因为第 2 行代码给出的文件夹路径是绝对路径，所以 iterdir() 函数返回的路径也是绝对路径。如果第 2 行代码给出的是相对路径，则返回的路径会是相对路径。此外，iterdir() 函数的罗列结果是乱序排列的，并且只进行一级罗列，即在罗列出子文件夹后，并不会继续往下罗列子文件夹的内容。

应用场景 2　判断指定文件夹是否为空文件夹

◎ 代码文件：iterdir()函数2.py
◎ 数据文件：上半年销售统计（文件夹）

假设计算机硬盘中有一个文件夹"F:\python\ 第 1 章 \ 工作信息表 1\ 上半年销售统计"，现要判断该文件夹是否为空文件夹（即其中是否还有其他文件或子文件夹），可以使用 iterdir() 函数来实现，演示代码如下：

```
1    from pathlib import Path  # 导入pathlib模块中的Path对象
```

```
2    p = Path('F:\\python\\第1章\\工作信息表1\\上半年销售统计')    # 指定一
     个文件夹的路径
3    p1 = p.iterdir()  # 获取指定文件夹中所有文件和子文件夹的路径
4    if len(list(p1)) == 0:  # 将获取结果转换为列表并判断列表的长度是否为0
5        print(p, '是空文件夹')  # 如果列表长度为0，则是空文件夹
6    else:
7        print(p, '不是空文件夹')  # 如果列表长度不为0，则不是空文件夹
```

上述代码的编写思路是先用 iterdir() 函数罗列指定文件夹中所有文件和子文件夹的路径，再判断获取的路径的个数，如果为 0 则是空文件夹，反之则不是空文件夹。第 4 行代码先用 list() 函数将 iterdir() 函数的获取结果转换为列表，再用 len() 函数获取列表长度，即可得到路径个数。

代码运行结果如下，可以看出指定文件夹不是空文件夹。

```
1    F:\python\第1章\工作信息表1\上半年销售统计  不是空文件夹
```

1.2.7 glob() 函数和 rglob() 函数 —— 罗列并筛选文件夹的内容

路径对象的 glob() 函数和 rglob() 函数不仅能像 iterdir() 函数那样罗列文件夹的内容，而且能对罗列结果进行筛选，只返回名称符合特定条件的文件和子文件夹的路径。其语法格式如下：

表达式.glob / rglob(pattern)

参数说明：

表达式：一个路径对象，指向一个文件夹。

pattern：一个字符串，代表筛选条件。在筛选条件中可使用通配符 "*" 和 "?" 来进行模糊匹配，其中 "*" 代表匹配任意数量（包括 0 个）的任意字符，"?" 代表匹配单个任意字符。例如：'*' 表示匹配所有文件夹或文件；'*统计*' 表示匹配名称包含 "统计" 的文件夹或文件；'*.txt' 表示匹配扩展名为 ".txt" 的文件；'统计*.p?' 表示匹配文件名以 "统计" 开头，扩展名为两个字符并以字母 p 开头的文件。如果在筛选条件中不使用通配符，则进行精确匹配。例如，'统计表.csv' 表示精确匹配文件名为 "统计表.csv" 的文件。

glob() 函数和 rglob() 函数的区别是：glob() 函数一般和 iterdir() 函数一样只进行一级罗列，如果在筛选条件前加上 "**/"，如 "**/*.txt"，则会进行递归罗列，即在罗列出子文件夹后，继续往下罗列子文件夹的内容，如果子文件夹下还有子文件夹，则接着往下罗列，直到不能罗列为止；rglob() 函数则会始终进行递归罗列。

具体到实际应用，这两个函数可以用于按关键词搜索文件夹或文件，批量获取特定类型文件的路径，等等。

应用场景 1　罗列指定文件夹中的所有工作簿

◎ 代码文件：glob()函数.py
◎ 数据文件：工作信息表2（文件夹）

右图所示为文件夹 "F:\python\ 第 1 章 \ 工作信息表 2" 中的子文件夹和文件，下面使用 glob() 函数对该文件夹的内容进行一级罗列，并筛选出所有扩展名为 ".xlsx" 的工作簿，返回它们的路径。演示代码如下：

本地磁盘 (F:) › python › 第1章 › 工作信息表2	
名称	类型
上半年销售统计	文件夹
采购合同.docx	Microsoft Word 文档
采购合同.pdf	Microsoft Edge PDF Document
出库表.xlsx	Microsoft Excel 工作表
供应商信息表.xlsx	Microsoft Excel 工作表
库存表.xlsx	Microsoft Excel 工作表
同比增长情况表.xls	Microsoft Excel 97-2003 工作表
员工档案表.xlsx	Microsoft Excel 工作表

```
1  from pathlib import Path  # 导入pathlib模块中的Path对象
2  p = Path('F:\\python\\第1章\\工作信息表2')  # 指定一个文件夹的路径
3  workbook = p.glob('*.xlsx')  # 获取指定文件夹中所有工作簿的路径
4  for i in workbook:  # 遍历获取结果
5      print(i)  # 逐个输出工作簿的路径
```

代码运行结果如下：

```
1  F:\python\第1章\工作信息表2\供应商信息表.xlsx
```

```
2    F:\python\第1章\工作信息表2\出库表.xlsx
3    F:\python\第1章\工作信息表2\员工档案表.xlsx
4    F:\python\第1章\工作信息表2\库存表.xlsx
```

从运行结果可以看出，因为第 2 行代码给出的文件夹路径是绝对路径，所以 glob() 函数返回的路径也是绝对路径。如果第 2 行代码给出的是相对路径，则返回的路径会是相对路径。

应用场景 2　罗列文件夹及其子文件夹中的所有工作簿

　　◎ 代码文件：rglob()函数1.py
　　◎ 数据文件：工作信息表2（文件夹）

　　假设在文件夹 "F:\python\ 第 1 章 \ 工作信息表 2" 的子文件夹 "上半年销售统计" 下还有一些文件，如右图所示。现在要获取文件夹 "F:\python\ 第 1 章 \ 工作信息表 2" 和子文件夹 "上半年销售统计" 中扩展名为 ".xlsx" 的所有工作簿的路径，可以使用 rglob() 函数进行递归罗列。演示代码如下：

本地磁盘 (F:) › python › 第1章 › 工作信息表2 › 上半年销售统计		
名称	类型	大小
📊 1月销售表.xlsx	Microsoft Excel 工作表	15 KB
📊 2月销售表.xlsx	Microsoft Excel 工作表	15 KB
📊 3月销售表.xlsx	Microsoft Excel 工作表	15 KB
📊 4月销售表.xlsx	Microsoft Excel 工作表	15 KB
📊 5月销售表.xlsx	Microsoft Excel 工作表	15 KB
📊 6月销售表.xlsx	Microsoft Excel 工作表	15 KB

```
1    from pathlib import Path   # 导入pathlib模块中的Path对象
2    p = Path('F:\\python\\第1章\\工作信息表2')   # 指定一个文件夹的路径
3    workbook = p.rglob('*.xlsx')   # 获取指定文件夹及其子文件夹中所有工作簿
     的路径
4    for i in workbook:   # 遍历获取结果
5        print(i)   # 逐个输出工作簿的路径
```

　　第 3 行代码使用 rglob() 函数进行递归罗列，如果要使用 glob() 函数进行递归罗列，则筛选条件要修改为 '**/*.xlsx'。

代码运行结果如下：

```
1    F:\python\第1章\工作信息表2\供应商信息表.xlsx
2    F:\python\第1章\工作信息表2\出库表.xlsx
3    F:\python\第1章\工作信息表2\员工档案表.xlsx
4    F:\python\第1章\工作信息表2\库存表.xlsx
5    F:\python\第1章\工作信息表2\上半年销售统计\1月销售表.xlsx
6    F:\python\第1章\工作信息表2\上半年销售统计\2月销售表.xlsx
7    F:\python\第1章\工作信息表2\上半年销售统计\3月销售表.xlsx
8    F:\python\第1章\工作信息表2\上半年销售统计\4月销售表.xlsx
9    F:\python\第1章\工作信息表2\上半年销售统计\5月销售表.xlsx
10   F:\python\第1章\工作信息表2\上半年销售统计\6月销售表.xlsx
```

从运行结果可以看出，因为第 2 行代码给出的文件夹路径是绝对路径，所以 rglob() 函数返回的路径也是绝对路径。如果第 2 行代码给出的是相对路径，则返回的路径会是相对路径。

应用场景 3　罗列工作簿时剔除临时文件

◎ 代码文件：rglob()函数2.py
◎ 数据文件：采购表（文件夹）

用 Excel 处理工作簿时，如果 Excel 程序意外崩溃，工作簿没有正常关闭，在文件夹中就会留下文件名以 "~$" 开头的临时文件（默认为隐藏文件，需要经过一定的设置才能显示出来）。右图所示为文件夹 "F:\python\ 第 1 章 \ 采购表" 的内容，其中有一些临时文件。如果想在罗列文件夹内容时剔除这些临时文件，可以结合使用 1.1.5 节介绍的 name 属性来实现。演示代码如下：

本地磁盘 (F:) › python › 第1章 › 采购表		
名称 ^	类型	大小
~$1月.xlsx	Microsoft Excel 工作表	1 KB
~$2月.xlsx	Microsoft Excel 工作表	1 KB
~$3月.xlsx	Microsoft Excel 工作表	1 KB
1月.xlsx	Microsoft Excel 工作表	472 KB
2月.xlsx	Microsoft Excel 工作表	472 KB
3月.xlsx	Microsoft Excel 工作表	471 KB

```
1   from pathlib import Path  # 导入pathlib模块中的Path对象
2   p = Path('F:\\python\\第1章\\采购表')  # 指定一个文件夹的路径
3   workbook = p.rglob('*.xlsx')  # 获取文件夹中所有工作簿的路径
4   for i in workbook:  # 遍历获取结果
5       if i.name.startswith('~$'):  # 如果获取的路径中文件名以 "~$" 开头
6           continue  # 提前结束本轮循环
7       print(i)  # 输出获取的路径
```

第 5 行代码先用路径对象的 name 属性提取文件名，得到的是一个字符串，再用字符串的 startswith() 函数判断文件名是否以 "~$" 开头。如果判断结果为 True，则执行第 6 行代码中的 continue 语句，跳过循环中剩余的代码，回到第 4 行代码，开始下一轮循环；如果判断结果为 False，则继续执行第 7 行代码，输出获取的路径。

代码运行结果如下：

```
1   F:\python\第1章\采购表\1月.xlsx
2   F:\python\第1章\采购表\2月.xlsx
3   F:\python\第1章\采购表\3月.xlsx
```

1.2.8　stat() 函数——获取文件夹或文件的状态信息

路径对象的 stat() 函数用于获取指定文件夹或文件的各种状态信息，如大小、创建时间、修改时间、用户权限等。其语法格式如下：

表达式.stat()

参数说明：

表达式：一个路径对象。

stat() 函数的返回值是一个包含各种状态信息的 os.stat_result 对象，还需要通过访问该对象的不同属性来提取特定的状态信息。os.stat_result 对象的属性会根据操作系统的不同而变化，这里只介绍 Windows 操作系统下常用的一些属性的返回值，如下表所示。

属性	返回值
st_size	文件夹或文件的大小（单位：字节）
st_ctime	文件夹或文件的创建时间（单位：秒）
st_mtime	文件夹或文件内容最近的修改时间（单位：秒）
st_atime	文件夹或文件最近的访问时间（单位：秒）

上表中与时间相关的 3 个属性的返回值是时间戳格式，表示从协调世界时（UTC）1970 年 1 月 1 日 0 时 0 分 0 秒至某个时间点的总秒数，如 1604996297。这种格式不符合我们的日常阅读习惯，需要使用一些日期和时间处理函数进行格式化，后面会结合具体案例进行讲解。

应用场景 1　将指定文件夹下的文件按大小排序

◎ 代码文件：stat()函数1.py
◎ 数据文件：工作信息表（文件夹）

文件夹 "F:\python\ 第 1 章 \ 工作信息表" 的内容如右图所示，本案例要罗列该文件夹中的文件，并按照文件大小做降序排序。演示代码如下：

本地磁盘 (F:) › python › 第1章 › 工作信息表			∨
名称	修改日期	大小	
采购合同.pdf	2021/7/27 14:14	106 KB	
出库表.xlsx	2021/7/27 14:14	15 KB	
供应商信息表.xlsx	2021/7/27 14:14	14 KB	
库存表.xlsx	2021/7/27 14:14	15 KB	
员工档案表.xlsx	2021/7/27 14:14	15 KB	

```
1    from pathlib import Path   # 导入pathlib模块中的Path对象
2    def file_size(file_path):   # 定义一个函数，用于根据路径获取文件大小，
     作为排序的依据
3        return file_path.stat().st_size   # 将函数的返回值设置为文件大小
4    p = Path('F:\\python\\第1章\\工作信息表')   # 指定一个文件夹的路径
5    p_list = list(p.iterdir())   # 罗列指定文件夹的内容，并转换为列表
```

```
6    p_list.sort(key=file_size, reverse=True)    # 对列表元素进行排序，排序
     依据是文件大小，排序方式是降序排序
7    for i in p_list:    # 遍历排序后的列表
8        print(i.name, file_size(i), 'bytes')    # 输出文件名和文件大小
```

代码运行结果如下：

```
1    采购合同.pdf 108110 bytes
2    出库表.xlsx 14629 bytes
3    库存表.xlsx 14623 bytes
4    员工档案表.xlsx 14348 bytes
5    供应商信息表.xlsx 13695 bytes
```

第 5 行代码先用路径对象的 iterdir() 函数罗列指定文件夹的内容，接着用 list() 函数将罗列结果转换为列表，以便进行排序。

第 6 行代码使用列表的 sort() 函数对列表元素进行排序，该函数的语法格式如下：

表达式.sort(key, reverse)

参数说明：

表达式：一个列表。

key：用于指定一个单参数的函数，sort() 函数会将每个列表元素传入该函数，并使用返回值作为排序时比较大小的依据。如果省略该参数，则直接对列表元素进行比较大小和排序。

reverse：用于指定排序方式。设置为 False 或省略该参数表示升序排序，设置为 True 表示降序排序。

在第 6 行代码中，为 key 参数指定的单参数函数是在第 2 行和第 3 行代码中定义的 file_size() 函数。file_size() 函数的参数是一个路径对象，函数内部的第 3 行代码先调用路径对象的 stat() 函数获取文件的状态信息，再调用 st_size 属性从状态信息中提取文件的大小，作为函数的返回值。因此，在第 6 行代码的执行过程中，sort() 函数会将列表 p_list 中的路径对象分别传入 file_size() 函数，然后根据 file_size() 函数返回的文件大小对列表 p_list 中的路径对象进行排序，排序的方式是降序排序（reverse=True）。

应用场景 2　获取指定文件的最近修改时间并进行格式化

◎ 代码文件：stat()函数2.py
◎ 数据文件：供应商信息表.xlsx

　　本案例要获取文件夹 "F:\python\ 第 1 章 \ 工作信息表" 中工作簿 "供应商信息表.xlsx" 的最近修改时间，并按照日常阅读习惯进行格式化。演示代码如下：

```
1   from pathlib import Path   # 导入pathlib模块中的Path对象
2   from datetime import datetime   # 导入datetime模块中的datetime对象
3   p = Path('F:\\python\\第1章\\工作信息表\\供应商信息表.xlsx')   # 指定
    一个文件路径
4   file_time = p.stat().st_mtime   # 获取文件的状态信息并提取最近修改时间
5   file_time = datetime.fromtimestamp(file_time)   # 将提取的时间转换为
    当前操作系统时区的时间
6   file_time_new = file_time.strftime('%Y年%m月%d日 %H:%M:%S')   # 对转
    换后的时间进行格式化
7   print(file_time_new)   # 输出格式化后的时间
```

　　代码运行结果如下：

```
1   2021年07月27日 14:14:13
```

　　第 2 行代码导入 datetime 模块中的 datetime 对象。datetime 模块是 Python 的内置模块，专用于处理日期和时间数据。

　　第 4 行代码先调用路径对象的 stat() 函数获取文件的状态信息，再调用 st_mtime 属性从状态信息中提取文件的最近修改时间。根据前面的讲解，提取到的是一个时间戳，因此在第 5 行代码调用 datetime 对象的 fromtimestamp() 函数将时间戳转换为当前操作系统时区的时间，然后在第 6 行代码调用 strftime() 函数按照自定义的格式字符串对转换后的时间进行格式化。格式

字符串中的"%Y""%m""%d"等是格式代码，更多格式代码可以参考 datetime 模块的官方
文档 https://docs.python.org/3.8/library/datetime.html#strftime-and-strptime-format-codes。

1.3 牛刀小试——批量整理文件

◎ 代码文件：批量整理文件.py
◎ 数据文件：销售表（文件夹）

本节要对前面所学的知识进行综合应用，编写一个批量整理文件的程序。

下左图所示为文件夹"F:\销售表"中的一批文本文件，按月份存放在不同的子文件夹中，
文件主名为分店名。现在要按分店名建立子文件夹分类组织这些文件，并对文件进行重命名，
文件主名中要体现年份和月份信息（以文件的最近修改时间为准），同时将扩展名由".txt"修改
为".csv"，效果如下右图所示。

名称	修改时间
F:\销售表\	
1月销售统计	2021/1/31 14:35:39
北京分店.txt	2021/1/31 14:35:39
成都分店.txt	2021/1/31 14:35:39
上海分店.txt	2021/1/31 14:35:39
2月销售统计	2021/2/28 14:42:10
北京分店.txt	2021/2/28 14:42:10
成都分店.txt	2021/2/28 14:42:10
上海分店.txt	2021/2/28 14:42:10
3月销售统计	2021/3/31 14:42:10
北京分店.txt	2021/3/31 14:42:10
成都分店.txt	2021/3/31 14:42:10
上海分店.txt	2021/3/31 14:42:10
4月销售统计	2021/4/30 14:42:10
北京分店.txt	2021/4/30 14:42:10
成都分店.txt	2021/4/30 14:42:10
上海分店.txt	2021/4/30 14:42:10
5月销售统计	2021/5/31 14:42:10
北京分店.txt	2021/5/31 14:42:10
成都分店.txt	2021/5/31 14:42:10
上海分店.txt	2021/5/31 14:42:10
6月销售统计	2021/6/30 14:42:10
北京分店.txt	2021/6/30 14:42:10
成都分店.txt	2021/6/30 14:42:10
上海分店.txt	2021/6/30 14:42:10

名称	修改时间
F:\销售表\	
北京分店	2021/8/17 15:53:16
2021年01月-北京分店.csv	2021/1/31 14:35:39
2021年02月-北京分店.csv	2021/2/28 14:42:10
2021年03月-北京分店.csv	2021/3/31 14:42:10
2021年04月-北京分店.csv	2021/4/30 14:42:10
2021年05月-北京分店.csv	2021/5/31 14:42:10
2021年06月-北京分店.csv	2021/6/30 14:42:10
成都分店	2021/8/17 15:53:16
2021年01月-成都分店.csv	2021/1/31 14:35:39
2021年02月-成都分店.csv	2021/2/28 14:42:10
2021年03月-成都分店.csv	2021/3/31 14:42:10
2021年04月-成都分店.csv	2021/4/30 14:42:10
2021年05月-成都分店.csv	2021/5/31 14:42:10
2021年06月-成都分店.csv	2021/6/30 14:42:10
上海分店	2021/8/17 15:53:16
2021年01月-上海分店.csv	2021/1/31 14:35:39
2021年02月-上海分店.csv	2021/2/28 14:42:10
2021年03月-上海分店.csv	2021/3/31 14:42:10
2021年04月-上海分店.csv	2021/4/30 14:42:10
2021年05月-上海分店.csv	2021/5/31 14:42:10
2021年06月-上海分店.csv	2021/6/30 14:42:10

根据前面的设定编写代码如下：

```python
from pathlib import Path  # 导入pathlib模块中的Path对象
from datetime import datetime  # 导入datetime模块中的datetime对象
root_folder = Path('F:\\销售表')  # 指定一个文件夹的路径
file_list = root_folder.rglob('*.txt')  # 罗列指定文件夹中的文本文件
for f in file_list:  # 遍历罗列结果
    if f.is_dir():  # 如果路径指向的是文件夹
        continue  # 提前结束本轮循环
    new_folder = root_folder / f.stem  # 构造新的子文件夹路径，用分店名称命名
    if not new_folder.exists():  # 如果新的子文件夹不存在
        new_folder.mkdir(parents=True)  # 创建该子文件夹
    file_time = f.stat().st_mtime  # 获取文件的状态信息并提取最近修改时间
    file_time = datetime.fromtimestamp(file_time)  # 将提取的时间转换为当前操作系统时区的时间
    file_time = file_time.strftime('%Y年%m月')  # 修改时间格式
    new_file_name =  file_time + '-' + f.name  # 构造新的文件名
    new_path = new_folder / new_file_name  # 构造新的文件路径
    new_path = new_path.with_suffix('.csv')  # 修改文件路径中的文件扩展名
    f.replace(new_path)  # 根据构造的路径对文件进行重命名和移动
folder_list = root_folder.iterdir()  # 罗列指定文件夹的内容
for f in folder_list:  # 遍历罗列结果
    if f.is_file():  # 如果路径指向的是文件
        continue  # 提前结束本轮循环
    fc = len(list(f.iterdir()))  # 罗列路径指向的子文件夹的内容，并统计其个数
```

```
23        if fc == 0:  # 如果个数为0，说明子文件夹为空文件夹
24            f.rmdir()  # 删除该子文件夹
```

第 3～17 行代码用于创建新的子文件夹，将文本文件分别移动进去并按要求进行重命名。第 18～24 行代码用于删除剩余的空文件夹。下面分别讲解其中的重点代码。

第 4 行代码将文件夹 "F:\ 销售表" 下所有扩展名为 ".txt" 的子文件夹或文件的路径都罗列出来，因为这里有多级文件夹，所以使用的是 rglob() 函数。

第 5 行代码用 for 语句构造一个循环，从罗列结果中逐个取出路径进行处理。

取出的路径有可能指向文件，也有可能指向子文件夹，而这里只对文件做操作，所以用第 6 行和第 7 行代码将罗列结果中的子文件夹排除掉。

第 8 行代码从路径中提取文件主名（即分店名），并利用文件主名构造新的分类文件夹路径。假设此时的变量 f 为路径 "F:\\销售表\\2月销售统计\\成都分店.txt"，则 f.stem 为 "成都分店"，而变量 root_folder 为路径 "F:\\销售表"。用路径拼接运算符 "/" 将变量 root_folder 和 f.stem 拼接在一起，就得到了路径 "F:\\销售表\\成都分店"，然后赋给变量 new_folder。

第 9 行和第 10 行代码判断变量 new_folder 指向的文件夹是否不存在，如果不存在，则创建该文件夹。创建好新的分类文件夹后，接下来开始为文件构造新的文件名和路径。

第 11 行代码先调用路径对象的 stat() 函数获取文件的状态信息，再调用 st_mtime 属性从状态信息中提取文件的最近修改时间（时间戳）。第 12 行代码调用 datetime 对象的 fromtimestamp() 函数将时间戳转换为当前操作系统时区的时间。第 13 行代码调用 strftime() 函数将时间转换为 "××××年××月" 的格式。第 14 行代码将几个字符串拼接起来，得到新的文件名，如 "2021年02月-成都分店.txt"。

第 15 行代码用 "/" 运算符将新文件名拼接到分类文件夹的路径后，得到新的文件路径，如 "F:\\销售表\\成都分店\\2021年02月-成都分店.txt"。第 16 行代码用 with_suffix() 函数将新文件路径中的扩展名修改为 ".csv"，如 "F:\\销售表\\成都分店\\2021年02月-成都分店.csv"。

得到新文件路径后，第 17 行代码用 replace() 函数根据这个路径对文件进行重命名和移动。

第 3～17 行代码运行完毕后，实际上已经完成了文件的分类整理和重命名，但原先的 "1月销售统计" "2月销售统计" "3月销售统计" 等文件夹变成了空文件夹，已经没有用处，可以删除。第 18～24 行代码就是用来做这件事的。

第 18 行代码将文件夹 "F:\ 销售表" 下的所有子文件夹或文件的路径都罗列出来，因为这

里只需要进行一级罗列，所以使用的是 iterdir() 函数。

第 19 行代码用 for 语句构造一个循环，从罗列结果中逐个取出路径进行处理。

取出的路径有可能指向文件，也有可能指向子文件夹，而这里只对子文件夹做操作，所以用第 20 行和第 21 行代码将罗列结果中的文件排除掉。

第 22 行代码再次使用 iterdir() 函数罗列子文件夹的内容，并用 list() 函数将罗列结果转换为列表，用 len() 函数统计列表元素的个数，得到子文件夹内容的个数。

第 23 行代码判断个数是否为 0，如果为 0，说明子文件夹是空文件夹，则执行第 24 行代码，用 rmdir() 函数将该子文件夹删除。

第 2 部分

Excel 文件处理——xlwings 和 openpyxl 模块

能够处理 Excel 文件的 Python 第三方模块有很多，如 xlwings、xlrd、xlwt、openpyxl 等。其中 xlwings 模块的功能最齐全，它能读、写和修改 xls 和 xlsx 这两种常用格式的 Excel 工作簿，还能与 Excel VBA 结合使用，实现更强大的功能。本部分将详细介绍 xlwings 模块的用法。除此之外，还会简单介绍 openpyxl 模块的用法，在实现部分操作时，使用该模块会更加灵活和方便。

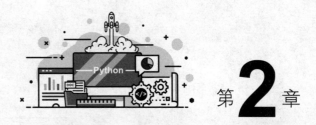

第 **2** 章

用 xlwings 模块管理工作簿

xlwings 模块只支持 Windows 和 macOS，并且要求系统中安装了 Excel 软件。在开始学习本章之前，请读者将计算机中安装的 xlwings 模块升级到最新版，方法是执行命令 "pip install --upgrade xlwings"。

本章将介绍如何使用 xlwings 模块管理工作簿，如工作簿的打开和关闭、新建和保存、保护和打印等。

xlwings 模块的语法体现了面向对象的编程思想，下面先来了解 xlwings 模块中几个比较重要的对象：App、Books/Book、Sheets/Sheet、Range。这些对象的关系如下图所示。

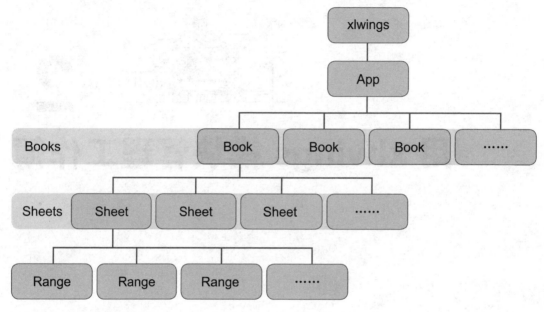

App 对象代表整个 Excel 程序，创建一个 App 对象就相当于启动了一个 Excel 程序。

Book 对象代表一个 Excel 工作簿，Books 对象则是多个 Book 对象的集合。可以通过 App 对象的 books 属性得到代表当前打开的所有工作簿的 Books 对象，再从这个 Books 对象中选取要操作的 Book 对象；或者通过这个 Books 对象的函数打开或新建一个工作簿，得到相应的 Book 对象。获得一个 Book 对象后，就可以利用这个对象的属性和函数来完成所需的工作簿操作，例如，用 close() 函数关闭工作簿，用 fullname 属性获取工作簿的绝对路径，等等。

Sheet 对象代表一个工作表，Sheets 对象则是多个 Sheet 对象的集合。可以通过 Book 对象的 sheets 属性得到代表一个工作簿中所有工作表的 Sheets 对象，再从这个 Sheets 对象中选取要操作的 Sheet 对象；或者通过这个 Sheets 对象的函数新建一个工作表，得到相应的 Sheet 对象。Sheet 对象和 Sheets 对象提供了管理工作表的属性和函数。例如，Sheet 对象的 name 属性用于获取工作表的名称，delete() 函数用于删除工作表；Sheets 对象的 add() 函数用于插入空白工作表。

Range 对象代表单元格区域，可通过 Sheet 对象的 range() 函数创建 Range 对象。Range

对象提供了管理单元格区域的属性和函数，例如，count 属性用于获取单元格区域的单元格数量，clear() 函数用于清除单元格区域的内容和格式，value 属性用于在单元格区域中读写数据。

2.1 启动和退出 Excel 程序

在 xlwings 模块中，要访问 Books / Book、Sheets / Sheet、Range 等对象，首先需要创建 App 对象，即启动 Excel 程序，其语法格式如下：

xlwings.App(visible, add_book)

参数说明：

visible：用于设置 Excel 程序窗口的可见性。设置为 True 时表示启动 Excel 程序后显示窗口，设置为 False 时表示隐藏窗口。在代码调试阶段建议设置为 True，以方便查看代码的运行过程。

add_book：用于设置启动 Excel 程序后是否新建工作簿。设置为 True 时表示启动 Excel 程序后新建一个工作簿，设置为 False 时表示不新建工作簿。

完成所需操作后，如果要退出 Excel 程序，可使用 App 对象的 quit() 函数，其语法格式如下：

表达式.quit()

参数说明：

表达式：一个 App 对象。

应用场景 启动并显示 Excel 程序窗口

◎ 代码文件：App对象和quit()函数.py

启动 PyCharm，创建一个新项目，项目路径为 "F:\python\ 第 2 章"，在项目路径下新建一个代码文件 "App 对象和 quit() 函数.py"，然后在代码文件中输入如下代码：

```
1    import xlwings as xw  # 导入xlwings模块并简写为xw
2    app = xw.App(visible=True, add_book=False)  # 启动Excel程序
```

```
3    app.quit()    # 退出Excel程序
```

运行以上代码，将会启动一个 Excel 程序窗口，但不会新建工作簿，然后该程序窗口会自动关闭。

2.2　工作簿的基本操作

启动 Excel 程序后，就可以进行工作簿的基本操作了，如打开、新建和保存工作簿等。

2.2.1　open() 函数和 close() 函数——打开和关闭工作簿

Books 对象的 open() 函数用于打开工作簿并返回一个 Book 对象。其语法格式如下：

表达式.open(fullname)

参数说明：

表达式：一个 Books 对象，通常用 App 对象的 books 属性来创建。

fullname：指定一个路径（可为路径字符串或路径对象），指向要打开的工作簿。该工作簿必须真实存在，且不能处于已打开的状态。

Book 对象的 close() 函数用于关闭工作簿，其语法格式如下：

表达式.close()

参数说明：

表达式：一个 Book 对象，通常用打开或新建工作簿的方式来创建。

 应用场景　打开并关闭指定的工作簿

　◎ 代码文件：open()函数和close()函数.py
　◎ 数据文件：员工档案表.xlsx

本案例要使用 open() 函数打开文件夹 "F:\python\ 第 2 章" 中的工作簿 "员工档案表.xlsx"，

然后使用 close() 函数将其关闭。演示代码如下：

```
1    import xlwings as xw  # 导入xlwings模块并简写为xw
2    app = xw.App(visible=True, add_book=False)  # 启动Excel程序
3    workbook = app.books.open('F:\\python\\第2章\\员工档案表.xlsx')  # 打
     开指定的工作簿
4    workbook.close()  # 关闭打开的工作簿
5    app.quit()  # 退出Excel程序
```

运行以上代码，即可自动启动 Excel 程序，打开并关闭工作簿"员工档案表.xlsx"。

2.2.2　add() 函数和 save() 函数——新建和保存工作簿

Books 对象的 add() 函数用于新建一个工作簿。其语法格式如下：

表达式.add()

参数说明：

表达式：一个 Books 对象，通常用 App 对象的 books 属性来创建。

Book 对象的 save() 函数用于保存工作簿，其语法格式如下：

表达式.save(path)

参数说明：

表达式：一个 Book 对象，通常用打开或新建工作簿的方式来创建。

path：指定工作簿的保存路径（可为路径字符串或路径对象）。如果省略该参数并且工作簿之前从未被保存过，则使用默认文件名（如"工作簿1.xlsx"）保存在当前工作目录下。

需要注意的是，save() 函数在遇到重名文件时会直接覆盖，并且不给出任何提示。

 ## 应用场景 1　新建并保存一个工作簿

 ◎ 代码文件：add()函数和save()函数1.py

本案例要使用 add() 函数新建一个空白工作簿，再使用 save() 函数将该工作簿保存到文件夹 "F:\python" 中，文件名为 "表.xlsx"。演示代码如下：

```
1   import xlwings as xw   # 导入xlwings模块并简写为xw
2   app = xw.App(visible=True, add_book=False)  # 启动Excel程序
3   workbook = app.books.add()  # 新建一个工作簿
4   workbook.save('F:\\python\\表.xlsx')  # 保存新建的工作簿
5   workbook.close()  # 关闭工作簿
6   app.quit()  # 退出Excel程序
```

运行以上代码，可以看到在文件夹 "F:\python" 中新建了一个工作簿 "表.xlsx"，如右图所示。需要注意的是，用于保存工作簿的文件夹必须提前创建好。如果读者想要通过编写代码来创建文件夹，可参考 1.2.3 节。

应用场景 2　批量新建并保存工作簿

 ◎ 代码文件：add()函数和save()函数2.py

假设要在文件夹 "F:\test" 中新建 10 个工作簿，文件名分别为 "表1.xlsx" "表2.xlsx"……"表10.xlsx"，可以结合使用 for 语句、range() 函数、add() 函数和 save() 函数来实现。演示代码如下：

```
1   import xlwings as xw   # 导入xlwings模块并简写为xw
2   app = xw.App(visible=True, add_book=False)  # 启动Excel程序
3   for i in range(1, 11):   # 构建1～10的整数序列并从中依次取值
4       workbook = app.books.add()  # 新建一个工作簿
5       workbook.save(f'F:\\test\\表{i}.xlsx')  # 保存新建的工作簿
6       workbook.close()  # 关闭工作簿
```

```
7    app.quit()  # 退出Excel程序
```

运行上述代码,在文件夹"F:\test"中可看到按要求新建的 10 个工作簿,如右图所示。

本地磁盘 (F:) › test
表1.xlsx　表5.xlsx　表9.xlsx
表2.xlsx　表6.xlsx　表10.xlsx
表3.xlsx　表7.xlsx
表4.xlsx　表8.xlsx

第 3 ~ 6 行代码使用 for 语句构造了一个循环来完成工作簿的批量新建和保存。

第 3 行代码中的 range() 函数是 Python 的内置函数,用于创建一个整数等差序列,其语法格式如下:

range(stop)　或　range(start, stop, step)

参数说明:

start、stop、step:分别代表序列的起始值、终止值、步长,必须为整数。需要注意的是,序列的计数到 stop 结束,但不包括 stop,这种特性称为"左闭右开"。在第 1 种语法格式中,以 0 作为起始值,以 1 作为步长。在第 2 种语法格式中,如果省略 step 参数,则以 1 作为步长。

range() 函数的演示代码如下:

```
1    range(5)   # 等价于range(0, 5)或range(0, 5, 1),创建的整数序列为0、1、
     2、3、4
2    range(1, 6)   # 等价于range(1, 6, 1),创建的整数序列为1、2、3、4、5
3    range(0, 30, 5)   # 创建的整数序列为0、5、10、15、20、25
4    range(0, 10, 3)   # 创建的整数序列为0、3、6、9
```

第 5 行代码中的 f'F:\\test\\表{i}.xlsx' 是一种拼接字符串的语法格式,称为 f-string,它的优点是无须事先转换数据类型就能将不同类型的数据拼接成字符串。f-string 的基本语法格式是用字母 f 或 F 引领字符串,然后在字符串中用大括号 {} 标明要拼接的变量。演示代码如下:

```
1    name = '小明'
2    score = 90
3    a = f'{name}考了{score}分'
```

```
4    print(a)
```

上述代码的工作原理和运行结果如下图所示。

2.2.3　fullname 属性——获取工作簿的绝对路径

Book 对象的 fullname 属性用于获取指定工作簿的绝对路径。其语法格式如下：

表达式.fullname

参数说明：

表达式：一个 Book 对象，通常用打开或新建工作簿的方式来创建。

应用场景　获取指定工作簿的绝对路径

◎ 代码文件：fullname属性.py
◎ 数据文件：汽车备案信息.xlsx

假设在文件夹"F:\python\ 第 2 章"中有一个工作簿"汽车备案信息.xlsx"，在该文件夹中创建一个代码文件，然后在代码文件中输入如下代码：

```
1    import xlwings as xw  # 导入xlwings模块并简写为xw
2    app = xw.App(visible=False, add_book=False)  # 启动Excel程序
```

```
3    workbook = app.books.open('汽车备案信息.xlsx')  # 打开指定的工作簿
4    book_path = workbook.fullname  # 获取指定工作簿的绝对路径
5    print(book_path)  # 输出获取的绝对路径
6    workbook.close()  # 关闭工作簿
7    app.quit()  # 退出Excel程序
```

代码运行结果如下：

```
1    F:\python\第2章\汽车备案信息.xlsx
```

2.2.4　name 属性——获取工作簿的文件名

Book 对象的 name 属性用于获取指定工作簿的文件名（包含扩展名）。其语法格式如下：

表达式.name

参数说明：

表达式：一个 Book 对象，通常用打开或新建工作簿的方式来创建。

应用场景　获取指定工作簿的文件名

◎ 代码文件：name属性.py
◎ 数据文件：汽车备案信息.xlsx

本案例要使用 name 属性获取文件夹 "F:\python\ 第 2 章" 中工作簿 "汽车备案信息.xlsx" 的文件名。演示代码如下：

```
1    import xlwings as xw  # 导入xlwings模块并简写为xw
2    app = xw.App(visible=False, add_book=False)  # 启动Excel程序
3    workbook = app.books.open('F:\\python\\第2章\\汽车备案信息.xlsx')  # 打
     开指定的工作簿
```

```
4    book_name = workbook.name    # 获取工作簿的文件名
5    print(book_name)    # 输出获取的文件名
6    workbook.close()    # 关闭工作簿
7    app.quit()    # 退出Excel程序
```

代码运行结果如下：

```
1    汽车备案信息.xlsx
```

2.3　工作簿操作常调用的 api 属性

当 xlwings 模块的 Book 对象提供的属性和函数不能满足需求时，可通过 api 属性将 Book 对象转换为 Excel VBA 中的 Workbook 对象，再通过调用 Workbook 对象的属性和函数来完成所需的工作簿操作。本节将介绍 Excel VBA 中 Workbook 对象的一些常用属性和函数。

2.3.1　Protect() 函数——保护工作簿结构

为了防止其他用户更改工作簿的结构，如在工作簿中移动、删除或插入工作表，可通过 xlwings 模块中 Book 对象的 api 属性调用 VBA 中 Workbook 对象的 Protect() 函数来保护工作簿的结构。其语法格式如下：

表达式.api.Protect(Password, Structure, Windows)

参数说明：

表达式：一个 Book 对象，通常用打开或新建工作簿的方式来创建。

Password：指定保护工作簿结构的密码。

Structure：当参数值为 True 时，表示保护工作簿的结构；当参数值为 False 或者省略该参数时，表示不保护工作簿的结构。

Windows：当参数值为 True 时，表示保护工作簿窗口；当参数值为 False 或者省略该参数时，表示不保护工作簿窗口。

应用场景　保护指定工作簿的结构

◎ 代码文件：Protect()函数.py
◎ 数据文件：员工档案表.xlsx

打开文件夹 "F:\python\ 第 2 章" 中的工作簿 "员工档案表.xlsx"，右击任意工作表的标签，在弹出的快捷菜单中可看到工作表的插入、删除、移动或复制等命令为可用状态，如下图所示。

▲	A			D	E	F
1	序号		插入(I)...	部门	入职时间	
2	1		删除(D)	财务部	2015/1/5	
3	2		重命名(R)	销售部	2019/4/5	
4	3		移动或复制(M)...	销售部	2016/5/8	
5	4		查看代码(V)	财务部	2010/5/6	
6	5		保护工作表(P)...	行政部	2014/6/9	
7	6		工作表标签颜色(T) ▶	采购部	2016/5/9	
8	7		隐藏(H)	销售部	2017/10/6	
9	8		取消隐藏(U)...	行政部	2018/9/15	
10	9		选定全部工作表(S)	采购部	2013/5/26	

Sheet1

就绪

下面在 Python 代码中调用 VBA 中 Workbook 对象的 Protect() 函数来保护工作簿的结构。演示代码如下：

```
1   import xlwings as xw  # 导入xlwings模块并简写为xw
2   app = xw.App(visible=False, add_book=False)  # 启动Excel程序
3   workbook = app.books.open('F:\\python\\第2章\\员工档案表.xlsx')  # 打
    开指定的工作簿
4   workbook.api.Protect(Password='111', Structure=True, Windows=True)  # 保
    护指定工作簿的结构
5   workbook.save()  # 保存工作簿
6   workbook.close()  # 关闭工作簿
7   app.quit()  # 退出Excel程序
```

运行以上代码后，打开工作簿 "员工档案表.xlsx"，右击任意工作表的标签，在弹出的快捷

菜单中可看到插入、删除、移动或复制等命令变为灰色的不可用状态，如下图所示，说明工作簿的结构被保护了。

◢	A			D	E	F
1	序号	插入(I)...		部门	入职时间	
2	1	删除(D)		财务部	2015/1/5	
3	2	重命名(R)		销售部	2019/4/5	
4	3	移动或复制(M)...		销售部	2016/5/8	
5	4	查看代码(V)		财务部	2010/5/6	
6	5	保护工作表(P)...		行政部	2014/6/9	
7	6	工作表标签颜色(T) ▶		采购部	2016/5/9	
8	7	隐藏(H)		销售部	2017/10/6	
9	8	取消隐藏(U)...		行政部	2018/9/15	
10	9	选定全部工作表(S)		采购部	2013/5/26	

如果要取消对工作簿结构的保护，可以调用 VBA 中 Workbook 对象的 Unprotect() 函数，并传入正确的保护密码作为参数。核心代码示例如下：

```
1  workbook.api.Unprotect(Password='111')
```

2.3.2 Password 属性——为工作簿设置打开密码

通过 xlwings 模块中 Book 对象的 api 属性调用 VBA 中 Workbook 对象的 Password 属性，然后为该属性赋值，可为工作簿设置打开密码，从而防止工作簿中的信息被泄露或者被更改。调用 Password 属性的语法格式如下：

表达式.api.Password

参数说明：

表达式：一个 Book 对象，通常用打开或新建工作簿的方式来创建。

应用场景　为指定工作簿设置打开密码

◎ 代码文件：Password属性.py
◎ 数据文件：员工档案表.xlsx

本案例要在 Python 代码中调用 VBA 中 Workbook 对象的 Password 属性，为文件夹"F:\python\第 2 章"中的工作簿"员工档案表.xlsx"设置打开密码。演示代码如下：

```
1   import xlwings as xw  # 导入xlwings模块并简写为xw
2   app = xw.App(visible=False, add_book=False)  # 启动Excel程序
3   workbook = app.books.open('F:\\python\\第2章\\员工档案表.xlsx')  # 打
    开指定的工作簿
4   workbook.api.Password = '111'  # 设置工作簿的打开密码为"111"
5   workbook.save()  # 保存工作簿
6   workbook.close()  # 关闭工作簿
7   app.quit()  # 退出Excel程序
```

运行以上代码后，打开工作簿"员工档案表.xlsx"，将会弹出如右图所示的"密码"对话框，只有在"密码"文本框中输入正确的保护密码"111"，再单击"确定"按钮，才能打开工作簿。

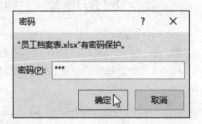

如果为一个工作簿设置了打开密码，那么用 2.2.1 节介绍的 open() 函数打开该工作簿时，需要通过 password 参数传入正确的打开密码。如果还想删除打开密码，可将一个空字符串赋给 Password 属性。核心代码示例如下：

```
1   workbook = app.books.open('F:\\python\\第2章\\员工档案表.xlsx',
    password='111')
2   workbook.api.Password = ''
```

2.3.3 SaveAs() 函数——转换工作簿的文件格式

在 Excel 中，可通过"另存为"操作来转换工作簿的文件格式。例如，将".xlsx"格式的工作簿另存为".xls"格式，以在早期版本的 Excel 中打开。要通过 Python 编程转换工作簿的文件

格式，可通过 xlwings 模块中 Book 对象的 api 属性调用 VBA 中 Workbook 对象的 SaveAs() 函数来实现。其语法格式如下：

表达式.api.SaveAs(path, FileFormat)

参数说明：

表达式：一个 Book 对象，通常用打开或新建工作簿的方式来创建。

path：更改格式后的工作簿的保存路径，可为绝对路径或相对路径。只支持路径字符串，如果要使用路径对象，可使用 str() 函数将路径对象转换为路径字符串。

FileFormat：另存文件时使用的文件格式。设置为 56 时表示另存为 ".xls" 格式，设置为 51 时表示另存为 ".xlsx" 格式。

应用场景　更改指定工作簿的文件格式

◎ 代码文件：SaveAs()函数.py
◎ 数据文件：员工档案表.xlsx

本案例要在 Python 代码中调用 VBA 中 Workbook 对象的 SaveAs() 函数，将文件夹 "F:\python\ 第 2 章" 中的工作簿 "员工档案表.xlsx" 另存为 "档案.xls"。演示代码如下：

```
1   import xlwings as xw  # 导入xlwings模块并简写为xw
2   app = xw.App(visible=False, add_book=False)  # 启动Excel程序
3   workbook = app.books.open('F:\\python\\第2章\\员工档案表.xlsx')  # 打
    开指定的工作簿
4   workbook.api.SaveAs('F:\python\\第2章\\档案.xls', FileFormat=56)  # 将
    工作簿另存为".xls"格式
5   workbook.close()  # 关闭工作簿
6   app.quit()  # 退出Excel程序
```

运行以上代码后，可在文件夹中看到另存得到的工作簿 "档案.xls"。

2.3.4　PrintOut() 函数——打印工作簿

如果要打印一个工作簿中的所有工作表，可以通过 xlwings 模块中 Book 对象的 api 属性调用 VBA 中 Workbook 对象的 PrintOut() 函数来实现。其语法格式如下：

表达式.api.PrintOut(Copies, ActivePrinter, Collate)

参数说明：

表达式：一个 Book 对象，通常用打开或新建工作簿的方式来创建。

Copies：指定打印的份数。如果省略该参数，则表示只打印一份。

ActivePrinter：指定打印机的名称。如果省略该参数，则表示使用操作系统的默认打印机。

Collate：当该参数值为 True 时，表示逐份打印。

应用场景　打印指定工作簿的所有工作表

◎ 代码文件：PrintOut()函数.py
◎ 数据文件：汽车备案信息.xlsx

打开文件夹 "F:\python\ 第 2 章" 中的工作簿 "汽车备案信息.xlsx"，可看到其中有 3 个工作表，如下图所示。

	A	B	C	D	E	F	G
1	序号	名称	车型	生产企业	类别	纯电里程	电池容量
2	1	比亚迪唐	BYD6480STHEV	比亚迪汽车工业有限公司	插电式	80公里	18.5度
3	2	比亚迪唐100	BYD6480STHEV3	比亚迪汽车工业有限公司	插电式	100公里	22.8度
4	3	比亚迪秦	BYD7150WTHEV3	比亚迪汽车有限公司	插电式	70公里	13度
5	4	比亚迪秦100	BYD7150WT5HEV5	比亚迪汽车有限公司	插电式	100公里	17.1度
6	5	之诺60H	BBA6461AAHEV(ZINORO60)	华晨宝马汽车有限公司	插电式	60公里	14.7度
7	6	荣威eRX5	CSA6454NDPHEV1	上海汽车集团股份有限公司	插电式	60公里	12度
8	7	荣威ei6	CSA7104SDPHEV1	上海汽车集团股份有限公司	插电式	53公里	9.1度
9	8	荣威e950	CSA7144CDPHEV1	上海汽车集团股份有限公司	插电式	60公里	12度

汽车备案信息　商用车信息　乘用车信息　⊕

下面在 Python 代码中调用 VBA 中 Workbook 对象的 PrintOut() 函数，将该工作簿中的所有工作表分别打印两份。演示代码如下：

```
1  import xlwings as xw  # 导入xlwings模块并简写为xw
```

```
2   app = xw.App(visible=False, add_book=False)  # 启动Excel程序
3   workbook = app.books.open('F:\\python\\第2章\\汽车备案信息.xlsx')  # 打
    开指定的工作簿
4   workbook.api.PrintOut(Copies=2, ActivePrinter='DESKTOP-HP01', Col-
    late=True)  # 打印指定的工作簿
5   workbook.close()  # 关闭工作簿
6   app.quit()  # 退出Excel程序
```

运行以上代码，即可将工作簿"汽车备案信息.xlsx"中的 3 个工作表分别打印两份。

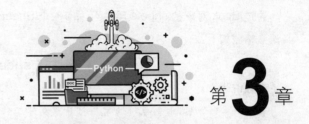

第 **3** 章

用 xlwings 模块管理工作表

本章将介绍如何使用 xlwings 模块中 Sheet 对象和 Sheets 对象的属性和函数管理工作表，如新增和删除工作表、清除工作表的内容和格式、保护和打印工作表等。

3.1 选取工作表

通过 Book 对象的 sheets 属性可返回一个 Sheets 对象，它代表了工作簿中的所有工作表。其语法格式如下：

表达式.sheets

参数说明：

表达式：一个 Book 对象，通常用打开或新建工作簿的方式来创建。

获得一个 Sheets 对象后，可借助 for 语句遍历该对象，对工作表执行批量操作。如果要针对单个工作表执行操作，则需要从这个 Sheets 对象中选取一个 Sheet 对象。其语法格式如下：

表达式.sheets[工作表索引号或工作表名称]

参数说明：

表达式：一个 Book 对象，通常用打开或新建工作簿的方式来创建。

工作表索引号：一个整数，0 代表第 1 个工作表，1 代表第 2 个工作表，依此类推。

工作表名称：以字符串形式给出。

应用场景 1 选取工作簿中的所有工作表

◎ 代码文件：sheets属性1.py
◎ 数据文件：汽车备案信息.xlsx

文件夹 "F:\python\ 第 3 章"中的工作簿"汽车备案信息.xlsx"有 3 个工作表，如下图所示。

	A	B	C	D	E	F
1	序号	名称	车型	生产企业	类别	纯电里程
2	1	比亚迪唐	BYD6480STHEV	比亚迪汽车工业有限公司	插电式	80公里
3	2	比亚迪唐100	BYD6480STHEV3	比亚迪汽车工业有限公司	插电式	100公里
4	3	比亚迪秦	BYD7150WTHEV3	比亚迪汽车有限公司	插电式	70公里
5	4	比亚迪秦100	BYD7150WT5HEV5	比亚迪汽车有限公司	插电式	100公里
6	5	之诺60H	BBA6461AAHEV(ZINORO60)	华晨宝马汽车有限公司	插电式	60公里
7	6	荣威eRX5	CSA6454NDPHEV1	上海汽车集团股份有限公司	插电式	60公里
8	7	荣威ei6	CSA7104SDPHEV1	上海汽车集团股份有限公司	插电式	53公里

汽车备案信息 | 商用车信息 | 乘用车信息 | ＋

就绪

下面使用 Book 对象的 sheets 属性选取该工作簿中的所有工作表。演示代码如下：

```
1   import xlwings as xw  # 导入xlwings模块并简写为xw
2   app = xw.App(visible=False, add_book=False)  # 启动Excel程序
3   workbook = app.books.open('F:\\python\\第3章\\汽车备案信息.xlsx')  # 打
    开指定的工作簿
4   worksheets = workbook.sheets  # 从指定工作簿中选取所有工作表
5   print(worksheets)  # 输出选取的工作表
6   workbook.close()  # 关闭工作簿
7   app.quit()  # 退出Excel程序
```

代码运行结果如下：

```
1   Sheets([<Sheet [汽车备案信息.xlsx]汽车备案信息>, <Sheet [汽车备案信
    息.xlsx]商用车信息>, <Sheet [汽车备案信息.xlsx]乘用车信息>])
```

应用场景 2 选取工作簿中的指定工作表

◎ 代码文件：sheets属性2.py
◎ 数据文件：汽车备案信息.xlsx

下面使用 Book 对象的 sheets 属性从工作簿"汽车备案信息.xlsx"中选取第 2 个工作表。
演示代码如下：

```
1   import xlwings as xw  # 导入xlwings模块并简写为xw
2   app = xw.App(visible=False, add_book=False)  # 启动Excel程序
3   workbook = app.books.open('F:\\python\\第3章\\汽车备案信息.xlsx')  # 打
    开指定的工作簿
4   worksheet = workbook.sheets[1]  # 选取工作簿中的第2个工作表
```

```
5    print(worksheet)   # 输出选取的工作表
6    workbook.close()   # 关闭工作簿
7    app.quit()   # 退出Excel程序
```

代码运行结果如下：

```
1    <Sheet [汽车备案信息.xlsx]商用车信息>
```

因为第 2 个工作表的名称是"商用车信息"，所以第 4 行代码也可以更改为"worksheet = workbook.sheets['商用车信息']"。这两种选取工作表的方法可根据实际情况灵活选用。

3.2 工作表的基本操作

得到 Sheets 或 Sheet 对象后，就可以继续使用它们的属性和函数对工作表执行操作，如新增和删除工作表、清除工作表的内容和格式、调整工作表的行高和列宽等。

3.2.1 name 属性——获取或更改工作表的名称

Sheet 对象的 name 属性用于获取或更改指定工作表的名称。其语法格式如下：

表达式.name

参数说明：

表达式：一个 Sheet 对象，可从 Sheets 对象中选取，或者通过插入工作表等方式创建。

应用场景 1 　获取工作簿中指定工作表的名称

◎ 代码文件：name属性1.py
◎ 数据文件：汽车备案信息.xlsx

打开文件夹"F:\python\ 第 3 章"中的工作簿"汽车备案信息.xlsx"，可看到其中有 3 个工作表，如下图所示。

◢	A	B	C	D	E
1	序号	企业名称	车型名称	车型类型	
2	1	南京南汽专用车有限公司	NJ5020XXYEV5	物流车	
3	2	上海汽车商用车有限公司	SH5040XXYA7BEV-4	物流车	
4	3	上海汽车商用车有限公司	SH6522C1BEV	小客	
5	4	郑州宇通客车股份有限公司	ZK6115BEVY51	大客	
6	5	南京汽车集团有限公司	NJ5057XXYCEV3	物流车	
7	6	湖北新楚风汽车股份有限公司	HQG5042XXYEV5	物流车	
8	7	湖北新楚风汽车股份有限公司	HQG5042XXYEV9	物流车	

汽车备案信息　　商用车信息　　乘用车信息　　（＋）

就绪

下面通过 Sheet 对象的 name 属性获取第 2 个工作表的名称。演示代码如下：

```
1  import xlwings as xw  # 导入xlwings模块并简写为xw
2  app = xw.App(visible=False, add_book=False)  # 启动Excel程序
3  workbook = app.books.open('F:\\python\\第3章\\汽车备案信息.xlsx')  # 打
   开指定的工作簿
4  worksheet = workbook.sheets[1]  # 选取工作簿中的第2个工作表
5  sheet_name = worksheet.name  # 获取第2个工作表的名称
6  print(sheet_name)  # 输出获取的名称
7  workbook.close()  # 关闭工作簿
8  app.quit()  # 退出Excel程序
```

代码运行结果如下：

```
1  商用车信息
```

应用场景 2　获取工作簿中所有工作表的名称

◎ 代码文件：name属性2.py

◎ 数据文件：汽车备案信息.xlsx

假设要获取工作簿"汽车备案信息.xlsx"中所有工作表的名称,可用 for 语句遍历 Sheets 对象,逐个取出其中的 Sheet 对象,再通过 Sheet 对象的 name 属性获取名称。演示代码如下:

```
1    import xlwings as xw  # 导入xlwings模块并简写为xw
2    app = xw.App(visible=False, add_book=False)  # 启动Excel程序
3    workbook = app.books.open('F:\\python\\第3章\\汽车备案信息.xlsx')  # 打
     开指定的工作簿
4    worksheets = workbook.sheets  # 选取指定工作簿中的所有工作表
5    for i in worksheets:  # 遍历工作簿中的所有工作表
6        sheet_name = i.name  # 获取工作表的名称
7        print(sheet_name)  # 输出获取的名称
8    workbook.close()  # 关闭工作簿
9    app.quit()  # 退出Excel程序
```

代码运行结果如下:

```
1    汽车备案信息
2    商用车信息
3    乘用车信息
```

应用场景 3　重命名工作簿中指定的工作表

　◎ 代码文件：name属性3.py
　◎ 数据文件：汽车备案信息.xlsx

工作簿"汽车备案信息.xlsx"中第 2 个工作表的名称为"商用车信息",下面通过为 Sheet 对象的 name 属性赋值,将该工作表的名称更改为"物流车信息"。演示代码如下:

```
1    import xlwings as xw  # 导入xlwings模块并简写为xw
```

```
2  app = xw.App(visible=False, add_book=False)  # 启动Excel程序
3  workbook = app.books.open('F:\\python\\第3章\\汽车备案信息.xlsx')  # 打
   开指定的工作簿
4  worksheet = workbook.sheets[1]  # 选取工作簿中的第2个工作表
5  worksheet.name = '物流车信息'  # 将第2个工作表重命名为"物流车信息"
6  workbook.save()  # 保存工作簿
7  workbook.close()  # 关闭工作簿
8  app.quit()  # 退出Excel程序
```

运行以上代码后，打开工作簿"汽车备案信息.xlsx"，可以看到第 2 个工作表的名称被更改为"物流车信息"，如下图所示。

	A	B	C	D
1	序号	企业名称	车型名称	车型类型
2	1	南京南汽专用车有限公司	NJ5020XXYEV5	物流车
3	2	上海汽车商用车有限公司	SH5040XXYA7BEV-4	物流车
4	3	上海汽车商用车有限公司	SH6522C1BEV	小客
5	4	郑州宇通客车股份有限公司	ZK6115BEVY51	大客
6	5	南京汽车集团有限公司	NJ5057XXYCEV3	物流车
7	6	湖北新楚风汽车股份有限公司	HQG5042XXYEV5	物流车
8	7	湖北新楚风汽车股份有限公司	HQG5042XXYEV9	物流车

汽车备案信息　物流车信息　乘用车信息　⊕

就绪

3.2.2　add() 函数——插入空白工作表

Sheets 对象的 add() 函数用于在工作簿中插入空白工作表，并返回相应的 Sheet 对象。其语法格式如下：

表达式.sheets.add(name, before, after)

参数说明：

表达式：一个 Book 对象，通常用打开或新建工作簿的方式来创建。

name：指定插入的空白工作表的名称，如果同名工作表已存在，则会报错。如果省略该参数，则使用 Excel 默认的名称，如 Sheet1、Sheet2。

before：可为一个字符串或一个 Sheet 对象，用于指定一个已有工作表，空白工作表将被插

入到该工作表之前。

　　after：可为一个字符串或一个 Sheet 对象，用于指定一个已有工作表，空白工作表将被插入到该工作表之后。

　　before 和 after 不能同时指定，如果同时省略这两个参数，则在当前活动工作表之前插入空白工作表。

应用场景　在指定工作表后插入新工作表

◎ 代码文件：add()函数.py
◎ 数据文件：汽车备案信息.xlsx

　　本案例要使用 Sheets 对象的 add() 函数在工作簿"汽车备案信息.xlsx"中的工作表"乘用车信息"后插入一个空白工作表，并命名为"销售表"。演示代码如下：

```
1   import xlwings as xw  # 导入xlwings模块并简写为xw
2   app = xw.App(visible=False, add_book=False)  # 启动Excel程序
3   workbook = app.books.open('F:\\python\\第3章\\汽车备案信息.xlsx')  # 打
    开指定的工作簿
4   workbook.sheets.add(name='销售表', after='乘用车信息')  # 在工作表
    "乘用车信息"后插入名为"销售表"的空白工作表
5   workbook.save()  # 保存工作簿
6   workbook.close()  # 关闭工作簿
7   app.quit()  # 退出Excel程序
```

　　第 4 行代码中的"after='乘用车信息'"也可更改为"after=workbook.sheets['乘用车信息']"或"after=workbook.sheets[2]"。

　　如果要在插入空白工作表后继续对空白工作表执行操作，可将 add() 函数返回的 Sheet 对象赋给一个变量，再通过这个变量调用 Sheet 对象的属性和函数来完成所需操作。

　　运行以上代码后，打开工作簿"汽车备案信息.xlsx"，可看到在工作表"乘用车信息"后新

增了一个名为"销售表"的空白工作表，如下图所示。

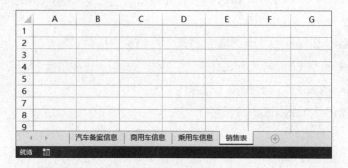

3.2.3　delete() 函数——删除工作表

Sheet 对象的 delete() 函数用于删除工作簿中的指定工作表。其语法格式如下：

表达式.delete()

参数说明：

表达式：一个 Sheet 对象，可从 Sheets 对象中选取，或者通过插入工作表等方式创建。

 应用场景　删除工作簿中的指定工作表

◎ 代码文件：delete()函数.py
◎ 数据文件：汽车备案信息.xlsx

本案例要使用 Sheet 对象的 delete() 函数删除工作簿"汽车备案信息.xlsx"中的工作表"商用车信息"。演示代码如下：

```
1   import xlwings as xw  # 导入xlwings模块并简写为xw
2   app = xw.App(visible=False, add_book=False)  # 启动Excel程序
3   workbook = app.books.open('F:\\python\\第3章\\汽车备案信息.xlsx')  # 打
    开指定的工作簿
```

```
4    worksheet = workbook.sheets['商用车信息']   # 选取工作簿中的工作表 "商
     用车信息"
5    worksheet.delete()   # 删除工作表 "商用车信息"
6    workbook.save()   # 保存工作簿
7    workbook.close()   # 关闭工作簿
8    app.quit()   # 退出Excel程序
```

因为工作表 "商用车信息" 是工作簿 "汽车备案信息.xlsx" 中的第 2 个工作表，所以第 4 行代码也可以更改为 "worksheet = workbook.sheets[1]"。

运行以上代码后，打开工作簿 "汽车备案信息.xlsx"，可看到工作表 "商用车信息" 已经被删除了，如下图所示。

	A	B	C	D	E
1	序号	名称	车型	生产企业	类别
2	1	比亚迪唐	BYD6480STHEV	比亚迪汽车工业有限公司	插电式
3	2	比亚迪唐100	BYD6480STHEV3	比亚迪汽车工业有限公司	插电式
4	3	比亚迪秦	BYD7150WTHEV3	比亚迪汽车有限公司	插电式
5	4	比亚迪秦100	BYD7150WT5HEV5	比亚迪汽车有限公司	插电式
6	5	之诺60H	BBA6461AAHEV(ZINORO60)	华晨宝马汽车有限公司	插电式
7	6	荣威eRX5	CSA6454NDPHEV1	上海汽车集团股份有限公司	插电式
8	7	荣威ei6	CSA7104SDPHEV1	上海汽车集团股份有限公司	插电式
9	8	荣威e950	CSA7144CDPHEV1	上海汽车集团股份有限公司	插电式

汽车备案信息　乘用车信息　＋

就绪

3.2.4　clear_contents() 函数——清除工作表的内容

Sheet 对象的 clear_contents() 函数用于清除工作表的内容。其语法格式如下：

表达式.clear_contents()

参数说明：

表达式：一个 Sheet 对象，可从 Sheets 对象中选取，或者通过插入工作表等方式创建。

需要注意的是，clear_contents() 函数只会清除工作表的内容，并不会清除工作表中设置的格式。

应用场景 1　清除工作簿中指定工作表的内容

◎ 代码文件：clear_contents()函数1.py
◎ 数据文件：汽车备案信息1.xlsx

打开工作簿"汽车备案信息 1.xlsx"，切换至工作表"商用车信息"，可看到其中的数据，如下图所示。

	A	B	C	D
1	序号	企业名称	车型名称	车型类型
2	1	南京南汽专用车有限公司	NJ5020XXYEV5	物流车
3	2	上海汽车商用车有限公司	SH5040XXYA7BEV-4	物流车
4	3	上海汽车商用车有限公司	SH6522C1BEV	小客
5	4	郑州宇通客车股份有限公司	ZK6115BEVY51	大客
6	5	南京汽车集团有限公司	NJ5057XXYCEV3	物流车
7	6	湖北新楚风汽车股份有限公司	HQG5042XXYEV5	物流车
8	7	湖北新楚风汽车股份有限公司	HQG5042XXYEV9	物流车
9	8	烟台舒驰客车有限责任公司	YTK5040XXYEV2	物流车

汽车备案信息　商用车信息　乘用车信息　＋

就绪

下面使用 Sheet 对象的 clear_contents() 函数清除该工作表中的数据内容。演示代码如下：

```python
import xlwings as xw  # 导入xlwings模块并简写为xw
app = xw.App(visible=False, add_book=False)  # 启动Excel程序
workbook = app.books.open('F:\\python\\第3章\\汽车备案信息1.xlsx')  # 打开指定的工作簿
worksheet = workbook.sheets['商用车信息']  # 选取工作簿中的工作表"商用车信息"
worksheet.clear_contents()  # 清除工作表"商用车信息"的内容
workbook.save('F:\\python\\第3章\\汽车备案信息2.xlsx')  # 另存清除工作表内容后的工作簿
workbook.close()  # 关闭工作簿
app.quit()  # 退出Excel程序
```

运行以上代码后，打开生成的工作簿"汽车备案信息 2.xlsx"，可看到工作表"商用车信息"中的数据内容被清除了，但是单元格填充颜色等格式被保留下来，如下图所示。

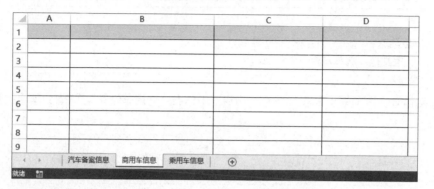

 应用场景 2   清除工作簿中所有工作表的内容

 ◎ 代码文件：clear_contents()函数2.py
◎ 数据文件：汽车备案信息1.xlsx

本案例要结合使用 for 语句和 clear_contents() 函数，清除工作簿"汽车备案信息 1.xlsx"中所有工作表的内容。演示代码如下：

```python
1    import xlwings as xw  # 导入xlwings模块并简写为xw
2    app = xw.App(visible=False, add_book=False)  # 启动Excel程序
3    workbook = app.books.open('F:\\python\\第3章\\汽车备案信息1.xlsx')  # 打
     开指定的工作簿
4    worksheets = workbook.sheets  # 选取工作簿中的所有工作表
5    for i in worksheets:  # 遍历工作簿中的所有工作表
6        i.clear_contents()  # 清除工作表的内容
7    workbook.save('F:\\python\\第3章\\汽车备案信息2.xlsx')   # 另存清除工
     作表内容后的工作簿
8    workbook.close()  # 关闭工作簿
```

```
9   app.quit()  # 退出Excel程序
```

运行以上代码后，打开生成的工作簿"汽车备案信息 2.xlsx"，切换至任意两个工作表，可看到工作表的内容都被清除了，如下左图和下右图所示。

3.2.5 clear() 函数——清除工作表的内容和格式

Sheet 对象的 clear() 函数用于清除工作表的内容和格式。其语法格式如下：

表达式.clear()

参数说明：

表达式：一个 Sheet 对象，可从 Sheets 对象中选取，或者通过插入工作表等方式创建。

 应用场景 1 清除工作簿中指定工作表的内容和格式

 ◎ 代码文件：clear()函数1.py
◎ 数据文件：汽车备案信息1.xlsx

本案例要使用 Sheet 对象的 clear() 函数清除工作簿"汽车备案信息 1.xlsx"中工作表"商用车信息"的内容和格式。演示代码如下：

```
1   import xlwings as xw  # 导入xlwings模块并简写为xw
2   app = xw.App(visible=False, add_book=False)  # 启动Excel程序
```

```
3    workbook = app.books.open('F:\\python\\第3章\\汽车备案信息1.xlsx')  # 打
     开指定的工作簿
4    worksheet = workbook.sheets['商用车信息']  # 选取工作簿中的工作表"商
     用车信息"
5    worksheet.clear()  # 清除工作表"商用车信息"中的内容和格式
6    workbook.save('F:\\python\\第3章\\汽车备案信息3.xlsx')    # 另存清除工
     作表内容和格式后的工作簿
7    workbook.close()  # 关闭工作簿
8    app.quit()  # 退出Excel程序
```

运行以上代码后，打开生成的工作簿"汽车备案信息 3.xlsx"，可看到工作表"商用车信息"中的内容和格式都被清除了，如下图所示。

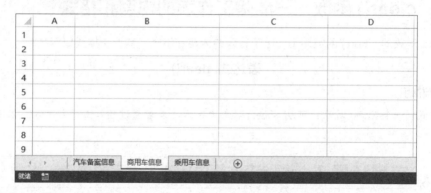

 ## 应用场景 2　清除工作簿中所有工作表的内容和格式

◎ 代码文件：clear()函数2.py
◎ 数据文件：汽车备案信息1.xlsx

本案例要结合使用 for 语句和 clear() 函数，清除工作簿"汽车备案信息 1.xlsx"中所有工作表的内容和格式。演示代码如下：

```
1   import xlwings as xw  # 导入xlwings模块并简写为xw
2   app = xw.App(visible=False, add_book=False)  # 启动Excel程序
3   workbook = app.books.open('F:\\python\\第3章\\汽车备案信息1.xlsx')  # 打
    开指定的工作簿
4   worksheets = workbook.sheets  # 选取工作簿中的所有工作表
5   for i in worksheets:  # 遍历工作簿中的所有工作表
6       i.clear()  # 清除工作表的内容和格式
7   workbook.save('F:\\python\\第3章\\汽车备案信息3.xlsx')  # 另存清除工
    作表内容和格式后的工作簿
8   workbook.close()  # 关闭工作簿
9   app.quit()  # 退出Excel程序
```

运行以上代码后，打开生成的工作簿"汽车备案信息 3.xlsx"，切换至任意两个工作表，可看到工作表的内容和格式都被清除了，如下左图和下右图所示。

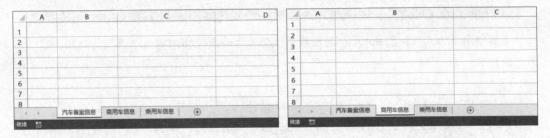

3.2.6　autofit() 函数——自动调整工作表的行高和列宽

Sheet 对象的 autofit() 函数用于根据工作表中单元格的内容自动调整行高和列宽。其语法格式如下：

表达式.autofit(axis)

参数说明：

表达式：一个 Sheet 对象，可从 Sheets 对象中选取，或者通过插入工作表等方式创建。

axis：当参数值为 'r' 或 'rows' 时，表示自动调整工作表的行高；当参数值为 'c' 或 'columns' 时，

表示自动调整工作表的列宽；当省略该参数时，表示同时自动调整行高和列宽。

应用场景 1　自动调整工作簿中指定工作表的行高和列宽

◎ 代码文件：autofit()函数1.py

◎ 数据文件：汽车备案信息.xlsx

下图所示为工作簿"汽车备案信息.xlsx"的工作表"汽车备案信息"中的数据表。

	A	B	C	D	E	F
1	序号	名称	车型	生产企业	类别	纯电里程
2	1	比亚迪唐	BYD6480STHEV	比亚迪汽车工业有限公司	插电式	80公里
3	2	比亚迪唐100	BYD6480STHEV3	比亚迪汽车工业有限公司	插电式	100公里
4	3	比亚迪秦	BYD7150WTHEV3	比亚迪汽车有限公司	插电式	70公里
5	4	比亚迪秦100	BYD7150WT5HEV5	比亚迪汽车有限公司	插电式	100公里
6	5	之诺60H	BBA6461AAHEV(ZINORO60)	华晨宝马汽车有限公司	插电式	60公里
7	6	荣威eRX5	CSA6454NDPHEV1	上海汽车集团股份有限公司	插电式	60公里
8	7	荣威ei6	CSA7104SDPHEV1	上海汽车集团股份有限公司	插电式	53公里

汽车备案信息　商用车信息　乘用车信息　＋

就绪

下面使用 Sheet 对象的 autofit() 函数根据该工作表的单元格内容自动调整行高和列宽。演示代码如下：

```
1   import xlwings as xw  # 导入xlwings模块并简写为xw
2   app = xw.App(visible=False, add_book=False)  # 启动Excel程序
3   workbook = app.books.open('F:\\python\\第3章\\汽车备案信息.xlsx')  # 打
    开指定的工作簿
4   worksheet = workbook.sheets['汽车备案信息']  # 选取工作簿中的工作表
    "汽车备案信息"
5   worksheet.autofit()  # 自动调整所选工作表的行高和列宽
6   workbook.save()  # 保存工作簿
7   workbook.close()  # 关闭工作簿
8   app.quit()  # 退出Excel程序
```

运行以上代码后，打开工作簿 "汽车备案信息.xlsx"，可看到工作表 "汽车备案信息" 的行高和列宽根据单元格内容自动进行了调整，如下图所示。

	A	B	C	D	E	F	G	H
1	序号	名称	车型	生产企业	类别	纯电里程	电池容量	电池企业
2	1	比亚迪唐	BYD6480STHEV	比亚迪汽车工业有限公司	插电式	80公里	18.5度	惠州比亚迪电池有限公司
3	2	比亚迪唐100	BYD6480STHEV3	比亚迪汽车工业有限公司	插电式	100公里	22.8度	惠州比亚迪电池有限公司
4	3	比亚迪秦	BYD7150WTHEV3	比亚迪汽车有限公司	插电式	70公里	13度	惠州比亚迪电池有限公司
5	4	比亚迪秦100	BYD7150WT5HEV5	比亚迪汽车有限公司	插电式	100公里	17.1度	惠州比亚迪电池有限公司
6	5	之诺60H	BBA6461AAHEV(ZINORO60)	华晨宝马汽车有限公司	插电式	60公里	14.7度	宁德时代新能源科技股份有限公司
7	6	荣威eRX5	CSA6454NDPHEV1	上海汽车集团股份有限公司	插电式	60公里	12度	上海捷新动力电池系统有限公司
8	7	荣威ei6	CSA7104SDPHEV1	上海汽车集团股份有限公司	插电式	53公里	9.1度	上海捷新动力电池系统有限公司
9	8	荣威e950	CSA7144CDPHEV1	上海汽车集团股份有限公司	插电式	60公里	12度	上海捷新动力电池系统有限公司

‹ › 汽车备案信息 商用车信息 乘用车信息 ⊕

应用场景 2 自动调整工作簿中所有工作表的行高和列宽

◎ 代码文件：autofit()函数2.py
◎ 数据文件：汽车备案信息.xlsx

本案例要结合使用 for 语句和 autofit() 函数，自动调整工作簿 "汽车备案信息.xlsx" 中所有工作表的行高和列宽。演示代码如下：

```
1   import xlwings as xw  # 导入xlwings模块并简写为xw
2   app = xw.App(visible=False, add_book=False)  # 启动Excel程序
3   workbook = app.books.open('F:\\python\\第3章\\汽车备案信息.xlsx')  # 打
    开指定的工作簿
4   worksheets = workbook.sheets  # 选取工作簿中的所有工作表
5   for i in worksheets:  # 遍历工作簿中的所有工作表
6       i.autofit()  # 自动调整工作表的行高和列宽
7   workbook.save()  # 保存工作簿
8   workbook.close()  # 关闭工作簿
9   app.quit()  # 退出Excel程序
```

运行以上代码后，打开工作簿 "汽车备案信息.xlsx"，切换至任意两个工作表，可看到行高

和列宽都根据数据内容自动进行了调整，如下左图和下右图所示。

	A	B	C	D
1	序号	企业名称	车型名称	车型类型
2	1	南京南汽专用车有限公司	NJ5020XXYEV5	物流车
3	2	上海汽车商用车有限公司	SH5040XXYA7BEV-4	物流车
4	3	上海汽车商用车有限公司	SH6522C1BEV	小客
5	4	郑州宇通客车股份有限公司	ZK6115BEVY51	大客
6	5	南京汽车集团有限公司	NJ5057XXYCEV3	物流车
7	6	湖北新楚风汽车股份有限公司	HQG5042XXYEV5	物流车
8	7	湖北新楚风汽车股份有限公司	HQG5042XXYEV9	物流车
9	8	烟台舒驰客车有限责任公司	YTK5040XXYEV2	物流车

汽车备案信息　商用车信息　乘用车信息

	A	B	C	D
1	序号	企业名称	车型名称	车型类型
2	1	上海汽车集团股份有限公司	CSA6456BEV1	乘用车
3	2	浙江吉利汽车有限公司	MR7152PHEV01	乘用车
4	3	比亚迪汽车有限公司	BYD6460STHEV5	乘用车
5	4	比亚迪汽车有限公司	BYD6460SBEV	乘用车
6	5	东风汽车公司	DFM7000H2ABEV1	乘用车
7	6	广州汽车集团乘用车有限公司	GAC7150CHEVA5A	乘用车
8	7	广州汽车集团乘用车有限公司	GAC7000BEVH0A	乘用车
9	8	广州汽车集团乘用车有限公司	GAC6450CHEVA5B	乘用车

汽车备案信息　商用车信息　乘用车信息

3.2.7　visible 属性——隐藏或显示工作表

如果要隐藏或显示工作簿中的某个工作表，可通过为 Sheet 对象的 visible 属性赋值来实现：将 False 赋给该属性，表示隐藏工作表；将 True 赋给该属性，则表示将隐藏的工作表显示出来。调用 visible 属性的语法格式如下：

表达式.visible

参数说明：

表达式：一个 Sheet 对象，可从 Sheets 对象中选取，或者通过插入工作表等方式创建。

应用场景　隐藏工作簿中指定的工作表

◎ 代码文件：visible属性.py
◎ 数据文件：汽车备案信息.xlsx

本案例要通过为 Sheet 对象的 visible 属性赋值，将工作簿"汽车备案信息.xlsx"中的工作表"商用车信息"隐藏起来。演示代码如下：

```
1    import xlwings as xw  # 导入xlwings模块并简写为xw
2    app = xw.App(visible=False, add_book=False)  # 启动Excel程序
3    workbook = app.books.open('F:\\python\\第3章\\汽车备案信息.xlsx')  # 打
     开指定的工作簿
```

```
4   worksheet = workbook.sheets['商用车信息']  # 选取工作簿中的工作表 "商
    用车信息"
5   worksheet.visible = False  # 隐藏工作表 "商用车信息"
6   workbook.save()  # 保存工作簿
7   workbook.close()  # 关闭工作簿
8   app.quit()  # 退出Excel程序
```

运行以上代码后，打开工作簿 "汽车备案信息.xlsx"，已看不到工作表 "商用车信息"，说明其已被隐藏了，如下图所示。

	A	B	C	D	E
1	序号	名称	车型	生产企业	类别
2	1	比亚迪唐	BYD6480STHEV	比亚迪汽车工业有限公司	插电式
3	2	比亚迪唐100	BYD6480STHEV3	比亚迪汽车工业有限公司	插电式
4	3	比亚迪秦	BYD7150WTHEV3	比亚迪汽车有限公司	插电式
5	4	比亚迪秦100	BYD7150WT5HEV5	比亚迪汽车有限公司	插电式
6	5	之诺60H	BBA6461AAHEV(ZINORO60)	华晨宝马汽车有限公司	插电式
7	6	荣威eRX5	CSA6454NDPHEV1	上海汽车集团股份有限公司	插电式
8	7	荣威ei6	CSA7104SDPHEV1	上海汽车集团股份有限公司	插电式

汽车备案信息　乘用车信息　＋

3.2.8　copy() 函数——复制工作表

Sheet 对象的 copy() 函数用于将一个工作表复制到当前工作簿或其他工作簿中，并返回代表复制工作表的 Sheet 对象。其语法格式如下：

表达式.copy(before, after, name)

参数说明：

表达式：一个 Sheet 对象，可从 Sheets 对象中选取，或者通过插入工作表等方式创建。

before：一个 Sheet 对象，代表当前工作簿或其他工作簿中的一个工作表，复制的工作表将被放置在该工作表之前。

after：一个 Sheet 对象，代表当前工作簿或其他工作簿中的一个工作表，复制的工作表将被放置在该工作表之后。

before 和 after 不能同时指定，如果同时省略这两个参数，则复制的工作表被放置在当前工作簿的所有现有工作表之后。

name：一个字符串，代表复制工作表的新名称。如果省略该参数，则不更改名称。

应用场景　将一个工作簿中的工作表复制到其他工作簿中

◎ 代码文件：copy()函数.py

◎ 数据文件：供应商信息表.xlsx、汽车备案信息.xlsx

下左图和下右图所示分别为工作簿"供应商信息表.xlsx"和"汽车备案信息.xlsx"的内容。

下面使用 Sheet 对象的 copy() 函数将工作簿"供应商信息表.xlsx"中的第 1 个工作表复制到工作簿"汽车备案信息.xlsx"中，放置在工作表"汽车备案信息"前面。演示代码如下：

```
1  import xlwings as xw  # 导入xlwings模块并简写为xw
2  app = xw.App(visible=False, add_book=False)  # 启动Excel程序
3  workbook1 = app.books.open('F:\\python\\第3章\\供应商信息表.xlsx')  # 打
   开来源工作簿
4  workbook2 = app.books.open('F:\\python\\第3章\\汽车备案信息.xlsx')  # 打
   开目标工作簿
5  worksheet1 = workbook1.sheets[0]  # 选取来源工作簿中的第1个工作表
6  worksheet2 = workbook2.sheets['汽车备案信息']  # 选取目标工作簿中的工
   作表"汽车备案信息"
```

```
7    worksheet1.copy(before=worksheet2)   # 将来源工作簿中的第1个工作表复制
     到目标工作簿的工作表"汽车备案信息"之前
8    workbook2.save('F:\\python\\第3章\\汽车信息表.xlsx')   # 另存目标工作簿
9    workbook1.close()   # 关闭来源工作簿
10   workbook2.close()   # 关闭目标工作簿
11   app.quit()   # 退出Excel程序
```

运行以上代码后，打开生成的工作簿"汽车信息表.xlsx"，可看到复制工作表的效果，如下图所示。

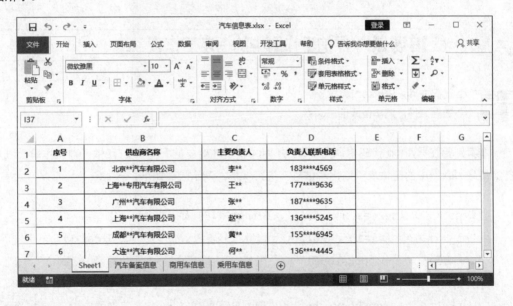

3.3　工作表操作常调用的 api 属性

当 xlwings 模块的 Sheet 对象提供的属性和函数不能满足需求时，可通过 api 属性将 Sheet 对象转换为 Excel VBA 中的 Worksheet 对象，再通过调用 Worksheet 对象的属性和函数来完成所需的工作表操作。本节将介绍 Excel VBA 中 Worksheet 对象的一些常用属性和函数。

3.3.1 Protect() 函数——保护工作表

为了防止其他用户修改工作表的内容，可使用 xlwings 模块中 Sheet 对象的 api 属性调用 VBA 中 Worksheet 对象的 Protect() 函数对工作表进行保护。其语法格式如下：

表达式.api.Protect(Password, Contents)

参数说明：

表达式：一个 Sheet 对象，可从 Sheets 对象中选取，或者通过插入工作表等方式创建。

Password：指定保护工作表的密码。

Contents：当参数值为 True 时，表示保护工作表的内容不被修改。

应用场景　保护工作簿中的指定工作表

◎ 代码文件：Protect()函数.py
◎ 数据文件：汽车备案信息.xlsx

本案例要在 Python 代码中调用 VBA 中 Worksheet 对象的 Protect() 函数，对工作簿"汽车备案信息.xlsx"中的工作表"商用车信息"进行保护。演示代码如下：

```
1  import xlwings as xw  # 导入xlwings模块并简写为xw
2  app = xw.App(visible=False, add_book=False)  # 启动Excel程序
3  workbook = app.books.open('F:\\python\\第3章\\汽车备案信息.xlsx')  # 打
   开指定的工作簿
4  worksheet = workbook.sheets['商用车信息']  # 选取工作簿中的工作表"商
   用车信息"
5  worksheet.api.Protect(Password='111', Contents=True)  # 保护工作表
   "商用车信息"的内容不被修改
6  workbook.save()  # 保存工作簿
7  workbook.close()  # 关闭工作簿
8  app.quit()  # 退出Excel程序
```

运行以上代码后，打开工作簿"汽车备案信息.xlsx"，切换至工作表"商用车信息"，更改任意单元格中的数据，会弹出如下图所示的提示框，说明该工作表处于受保护的状态。

1	序号	企业名称	车型名称	车型类型
2	1	南京南汽专用车有限公司	NJ5020XXYEV5	物流车
3	2			
4	3			
5	4			
6	5			
7	6			
8	7	湖北新楚风汽车股份有限公司	HQG5042XXYEV9	物流车

Microsoft Excel ×

⚠ 您试图更改的单元格或图表位于受保护的工作表中。若要进行更改，请取消工作表保护。您可能需要输入密码。

确定

汽车备案信息　商用车信息　乘用车信息　⊕

如果要取消对工作表的保护，可以调用 VBA 中 Worksheet 对象的 Unprotect() 函数，并传入正确的保护密码作为参数。核心代码示例如下：

```
1  worksheet.api.Unprotect(Password='111')
```

3.3.2　PrintOut() 函数——打印工作表

如果要打印一个工作簿中的某个工作表，可以通过 xlwings 模块中 Sheet 对象的 api 属性调用 VBA 中 Worksheet 对象的 PrintOut() 函数。其语法格式如下：

表达式.api.PrintOut(Copies, ActivePrinter, Collate)

参数说明：

表达式：一个 Sheet 对象，可从 Sheets 对象中选取，或者通过插入工作表等方式创建。

Copies：指定打印的份数。如果省略该参数，则表示只打印一份。

ActivePrinter：指定打印机的名称。如果省略该参数，则表示使用操作系统的默认打印机。

Collate：当该参数值为 True 时，表示逐份打印。

应用场景　打印工作簿中的指定工作表

◎ 代码文件：PrintOut()函数.py

◎ 数据文件：汽车备案信息.xlsx

本案例要在 Python 代码中调用 VBA 中 Worksheet 对象的 PrintOut() 函数，打印工作簿"汽车备案信息.xlsx"中的工作表"商用车信息"。演示代码如下：

```
1  import xlwings as xw  # 导入xlwings模块并简写为xw
2  app = xw.App(visible=False, add_book=False)  # 启动Excel程序
3  workbook = app.books.open('F:\\python\\第3章\\汽车备案信息.xlsx')  # 打
   开指定的工作簿
4  worksheet = workbook.sheets['商用车信息']  # 选取工作簿中的工作表"商
   用车信息"
5  worksheet.api.PrintOut(Copies=2, ActivePrinter='DESKTOP-HP01',
   Collate=True)  # 打印所选工作表
6  workbook.close()  # 关闭工作簿
7  app.quit()  # 退出Excel程序
```

运行以上代码，即可将工作表"商用车信息"打印两份。

3.3.3　Zoom 属性——调整工作表的打印缩放比例

使用 xlwings 模块中 Sheet 对象的 api 属性调用 VBA 中 PageSetup 对象的 Zoom 属性，可以设置工作表的打印缩放比例，以获得更好的打印效果。其语法格式如下：

表达式.api.PageSetup.Zoom

参数说明：

表达式：一个 Sheet 对象，可从 Sheets 对象中选取，或者通过插入工作表等方式创建。

Zoom 属性的取值范围为 10 ~ 400，代表 10% ~ 400% 的打印缩放比例。

 应用场景　调整工作簿中指定工作表的打印缩放比例

◎ 代码文件：Zoom属性.py
◎ 数据文件：汽车备案信息.xlsx

本案例要利用 Zoom 属性为工作簿"汽车备案信息.xlsx"中的工作表"汽车备案信息"设置打印缩放比例。演示代码如下：

```
1  import xlwings as xw  # 导入xlwings模块并简写为xw
2  app = xw.App(visible=False, add_book=False)  # 启动Excel程序
3  workbook = app.books.open('F:\\python\\第3章\\汽车备案信息.xlsx')  # 打
   开指定的工作簿
4  worksheet = workbook.sheets['汽车备案信息']  # 选取工作簿中的工作表
   "汽车备案信息"
5  worksheet.api.PageSetup.Zoom = 50  # 设置所选工作表的打印缩放比例为
   50%
6  worksheet.api.PrintOut(Copies=2, ActivePrinter='DESKTOP-HP01',
   Collate=True)  # 打印所选工作表
7  workbook.close()  # 关闭工作簿
8  app.quit()  # 退出Excel程序
```

运行以上代码，将以 50% 的缩放比例打印工作表"汽车备案信息"。

3.3.4　CenterHorizontally 属性和 CenterVertically 属性 ——设置工作表的打印位置

默认情况下，工作表内容会打印在纸张的左上角，如果想要在纸张的居中位置打印工作表内容，可以使用 xlwings 模块中 Sheet 对象的 api 属性调用 VBA 中 PageSetup 对象的 Center-Horizontally 属性和 CenterVertically 属性来实现。这两个属性分别用于设置工作表内容在打印页面中的水平位置和垂直位置。其语法格式如下：

表达式.api.PageSetup.CenterHorizontally / CenterVertically

参数说明：

表达式：一个 Sheet 对象，可从 Sheets 对象中选取，或者通过插入工作表等方式创建。

当属性值为 True 时，表示在纸张的水平居中位置或垂直居中位置打印工作表内容；当属性值为 False 时，则表示在默认位置打印工作表内容。

应用场景　调整工作簿中指定工作表的打印位置

◎ 代码文件：CenterHorizontally属性和CenterVertically属性.py
◎ 数据文件：汽车备案信息.xlsx

本案例要利用 CenterHorizontally 属性和 CenterVertically 属性，为工作簿 "汽车备案信息.xlsx" 中的工作表 "商用车信息" 设置打印位置。演示代码如下：

```
1  import xlwings as xw  # 导入xlwings模块并简写为xw
2  app = xw.App(visible=False, add_book=False)  # 启动Excel程序
3  workbook = app.books.open('F:\\python\\第3章\\汽车备案信息.xlsx')  # 打
   开指定的工作簿
4  worksheet = workbook.sheets['商用车信息']  # 选取工作簿中的工作表 "商
   用车信息"
5  worksheet.api.PageSetup.CenterHorizontally = True  # 打印所选工作表
   时让打印内容在页面的水平方向上整体居中
6  worksheet.api.PageSetup.CenterVertically = True  # 打印所选工作表时
   让打印内容在页面的垂直方向上整体居中
7  worksheet.api.PrintOut(Copies=2, ActivePrinter='DESKTOP-HP01',
   Collate=True)  # 打印所选工作表
8  workbook.close()  # 关闭工作簿
9  app.quit()  # 退出Excel程序
```

运行以上代码，打印完成后，可看到工作表 "商用车信息" 的内容在纸张上整体居中。

3.3.5　PrintHeadings 属性——打印工作表时打印行号和列标

在打印工作表内容时，如果想要同时打印行号和列标，可以使用 xlwings 模块中 Sheet 对象的 api 属性调用 VBA 的 PrintHeadings 属性来实现。其语法格式如下：

表达式.api.PageSetup.PrintHeadings

参数说明：

表达式：一个 Sheet 对象，可从 Sheets 对象中选取，或者通过插入工作表等方式创建。

当属性的值为 True 时，表示打印工作表内容时打印行号和列标；当属性的值为 False 时，则表示打印工作表内容时不打印行号和列标。

应用场景　打印工作簿中指定工作表时打印行号和列标

◎ 代码文件：PrintHeadings属性.py
◎ 数据文件：汽车备案信息.xlsx

假设现在要打印工作簿"汽车备案信息.xlsx"中的工作表"商用车信息"，本案例要利用 PrintHeadings 属性设置在打印该工作表时打印行号和列标。演示代码如下：

```
1  import xlwings as xw  # 导入xlwings模块并简写为xw
2  app = xw.App(visible=False, add_book=False)  # 启动Excel程序
3  workbook = app.books.open('F:\\python\\第3章\\汽车备案信息.xlsx')  # 打
   开指定的工作簿
4  worksheet = workbook.sheets['商用车信息']  # 选取工作簿中的工作表"商
   用车信息"
5  worksheet.api.PageSetup.PrintHeadings = True  # 设置打印所选工作表时
   打印行号和列标
6  worksheet.api.PrintOut(Copies=2, ActivePrinter='DESKTOP-HP01',
   Collate=True)  # 打印所选工作表
7  workbook.close()  # 关闭工作簿
8  app.quit()  # 退出Excel程序
```

运行以上代码，打印完成后，可以在打印纸张上看到不仅打印了工作表"商用车信息"的数据内容，而且打印了行号和列标。

3.3.6 Color 属性——设置工作表的标签颜色

为了更直观地区分各个工作表，可为工作表设置不同的标签颜色。在 Python 中，可以使用 xlwings 模块中 Sheet 对象的 api 属性调用 VBA 中 Tab 对象的 Color 属性来设置工作表的标签颜色。其语法格式如下：

表达式.api.Tab.Color

参数说明：

表达式：一个 Sheet 对象，可从 Sheets 对象中选取，或者通过插入工作表等方式创建。

Color 属性的颜色值为一个整数，而我们常用的颜色值是 RGB 值，两者的换算公式如下：

Color 属性整数值＝ R ＋ G×256 ＋ B×256×256

例如，红色的 RGB 值为（255，0，0），那么对应的 Color 属性整数值为 255 ＋ 0×256 ＋ 0×256×256 ＝ 255。

可以根据上述公式编写代码来转换颜色值，也可以直接使用 xlwings 模块的 utils 子模块中的 rgb_to_int() 函数来完成转换，该函数的参数是一个代表 RGB 值的元组。

应用场景　设置工作簿中指定工作表的标签颜色

◎ 代码文件：Color属性.py
◎ 数据文件：汽车备案信息.xlsx

本案例要利用 Color 属性将工作簿"汽车备案信息.xlsx"中工作表"商用车信息"的标签颜色设置为红色。演示代码如下：

```
1  import xlwings as xw  # 导入xlwings模块并简写为xw
2  app = xw.App(visible=False, add_book=False)  # 启动Excel程序
3  workbook = app.books.open('F:\\python\\第3章\\汽车备案信息.xlsx')  # 打
   开指定的工作簿
4  worksheet = workbook.sheets['商用车信息']  # 选取指定工作簿中的工作表
   "商用车信息"
```

```
5   worksheet.api.Tab.Color = xw.utils.rgb_to_int((255, 0, 0))  # 设置
    所选工作表的标签颜色
6   workbook.save()  # 保存工作簿
7   workbook.close()  # 关闭工作簿
8   app.quit()  # 退出Excel程序
```

　　运行以上代码后，打开工作簿"汽车备案信息.xlsx"，可看到工作表"商用车信息"的标签颜色变成了红色（具体效果请读者自行运行代码后查看），如下图所示。

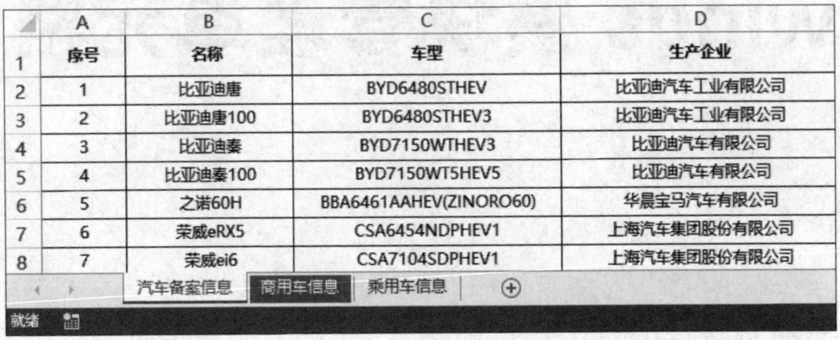

	A	B	C	D
1	序号	名称	车型	生产企业
2	1	比亚迪唐	BYD6480STHEV	比亚迪汽车工业有限公司
3	2	比亚迪唐100	BYD6480STHEV3	比亚迪汽车工业有限公司
4	3	比亚迪秦	BYD7150WTHEV3	比亚迪汽车有限公司
5	4	比亚迪秦100	BYD7150WT5HEV5	比亚迪汽车有限公司
6	5	之诺60H	BBA6461AAHEV(ZINORO60)	华晨宝马汽车有限公司
7	6	荣威eRX5	CSA6454NDPHEV1	上海汽车集团股份有限公司
8	7	荣威ei6	CSA7104SDPHEV1	上海汽车集团股份有限公司

汽车备案信息　商用车信息　乘用车信息　⊕

就绪

第**4**章

用 xlwings 模块管理单元格

本章将介绍如何使用 xlwings 模块管理单元格，如选取单元格、编辑单元格、设置单元格格式等。

4.1 选取单元格

要执行单元格的相关操作，首先需要选取单元格，在 xlwings 模块中的对应操作则是创建 Range 对象。Range 对象代表一个单元格区域，其中包含一个或多个单元格。

4.1.1 range() 函数——根据地址选取单元格区域

Sheet 对象的 range() 函数用于根据指定的地址选取单元格区域，得到对应的 Range 对象，这是 xlwings 模块中创建 Range 对象最基本的方法。其语法格式如下：

表达式.range(area)

参数说明：

表达式：一个 Sheet 对象，可从 Sheets 对象中选取，或者通过插入工作表等方式创建。

area：要选取的单元格区域的地址，可用多种格式给出，在"应用场景"的演示代码中会举例说明。

在实际应用中，常常先用 range() 函数选取一个单元格区域，再用本节介绍的其他方法进行范围调整或进一步选取。

应用场景 选取工作表中指定的单元格和单元格区域

◎ 代码文件：range()函数.py
◎ 数据文件：汽车备案信息.xlsx

本案例要使用 Sheet 对象的 range() 函数，以多种方式在工作簿"汽车备案信息.xlsx"的工作表"商用车信息"中选取单元格和单元格区域。演示代码如下：

```
1    import xlwings as xw  # 导入xlwings模块并简写为xw
2    app = xw.App(visible=False, add_book=False)  # 启动Excel程序
3    workbook = app.books.open('F:\\python\\第4章\\汽车备案信息.xlsx')  # 打
     开指定的工作簿
```

```
4  worksheet = workbook.sheets['商用车信息']  # 选取工作表 "商用车信息"
5  a = worksheet.range('A1')  # 选取工作表中的单元格A1
6  b = worksheet.range(1, 1)  # 选取工作表第1行第1列的单元格，即单元格A1
7  c = worksheet.range('A12:D60')  # 选取工作表中的单元格区域A12:D60
8  d = worksheet.range((12, 1), (60, 4))  # 通过指定左上角和右下角的单元
   格来选取单元格区域，这里的(12, 1)即单元格A12，(60, 4)即单元格D60
9  print(a)  # 输出选取的单元格
10 print(b)  # 输出选取的单元格
11 print(c)  # 输出选取的单元格区域
12 print(d)  # 输出选取的单元格区域
13 workbook.close()  # 关闭工作簿
14 app.quit()  # 退出Excel程序
```

第 5～8 行代码以不同的方式在工作表中选取单元格或单元格区域。代码运行结果如下：

```
1  <Range [汽车备案信息.xlsx]商用车信息!$A$1>
2  <Range [汽车备案信息.xlsx]商用车信息!$A$1>
3  <Range [汽车备案信息.xlsx]商用车信息!$A$12:$D$60>
4  <Range [汽车备案信息.xlsx]商用车信息!$A$12:$D$60>
```

4.1.2 expand() 函数——扩展单元格区域

Range 对象的 expand() 函数用于以一个单元格区域为起点，向指定的方向扩展单元格区域，直到遇到空白单元格为止。其语法格式如下：

表达式.expand(mode)

参数说明：

表达式：一个 Range 对象，可使用本节讲解的其他方法创建。

mode：如果参数值为 'table' 或者省略该参数，表示向右下角扩展单元格区域；如果参数值为 'down'，表示向下扩展单元格区域；如果参数值为 'right'，表示向右扩展单元格区域。

应用场景　选取含有数据的一行、一列和整个区域

◎ 代码文件：expand()函数.py
◎ 数据文件：汽车备案信息.xlsx

本案例要使用 expand() 函数在工作簿 "汽车备案信息.xlsx" 的工作表 "商用车信息" 中选取含有数据的一行、一列和整个区域。演示代码如下：

```python
import xlwings as xw   # 导入xlwings模块并简写为xw
app = xw.App(visible=False, add_book=False)  # 启动Excel程序
workbook = app.books.open('F:\\python\\第4章\\汽车备案信息.xlsx')  # 打开指定的工作簿
worksheet = workbook.sheets['商用车信息']  # 选取工作表 "商用车信息"
area1 = worksheet.range('A1').expand('right')   # 从单元格A1开始向右扩展，选取含有数据的一行
area2 = worksheet.range('A1').expand('down')   # 从单元格A1开始向下扩展，选取含有数据的一列
area3 = worksheet.range('A1').expand('table')   # 从单元格A1开始向右下角扩展，选取含有数据的整个区域
print(area1)   # 输出选取的行
print(area2)   # 输出选取的列
print(area3)   # 输出选取的整个区域
workbook.close()   # 关闭工作簿
app.quit()   # 退出Excel程序
```

代码运行结果如下：

```
<Range [汽车备案信息.xlsx]商用车信息!$A$1:$D$1>
<Range [汽车备案信息.xlsx]商用车信息!$A$1:$A$32>
```

```
3    <Range [汽车备案信息.xlsx]商用车信息!$A$1:$D$32>
```

4.1.3 resize() 函数——调整单元格区域的大小

Range 对象的 resize() 函数用于根据已有的单元格区域改变行数和列数，返回一个新的
Range 对象。其语法格式如下：

表达式.resize(row_size, column_size)

参数说明：

表达式：一个 Range 对象，可使用本节讲解的其他方法创建。

row_size：指定新单元格区域的行数，省略该参数则表示行数保持不变。

column_size：指定新单元格区域的列数，省略该参数则表示列数保持不变。

 应用场景 调整指定单元格区域的大小

 ◎ 代码文件：resize()函数.py
◎ 数据文件：汽车备案信息.xlsx

本案例要先在工作簿"汽车备案信息.xlsx"的工作表"商用车信息"中选取单元格区域
A5:E15，然后使用 Range 对象的 resize() 函数在该单元格区域的基础上改变行数和列数，得到
新的单元格区域。演示代码如下：

```
1    import xlwings as xw  # 导入xlwings模块并简写为xw
2    app = xw.App(visible=False, add_book=False)  # 启动Excel程序
3    workbook = app.books.open('F:\\python\\第4章\\汽车备案信息.xlsx')  # 打
     开指定的工作簿
4    worksheet = workbook.sheets['商用车信息']  # 选取工作表"商用车信息"
5    area1 = worksheet.range('A5:E15')  # 选取单元格区域A5:E15
6    area2 = area1.resize(row_size=5, column_size=3)  # 调整已有单元格区
```

域的大小，得到新的单元格区域

```
7   print(area1)   # 输出原先选取的单元格区域
8   print(area2)   # 输出调整大小后的新单元格区域
9   workbook.close()   # 关闭工作簿
10  app.quit()   # 退出Excel程序
```

代码运行结果如下：

```
1   <Range [汽车备案信息.xlsx]商用车信息!$A$5:$E$15>
2   <Range [汽车备案信息.xlsx]商用车信息!$A$5:$C$9>
```

4.1.4　offset() 函数——偏移单元格区域

Range 对象的 offset() 函数用于将已有的单元格区域向指定的方向偏移一定的行数和列数，返回一个新的 Range 对象。其语法格式如下：

表达式.offset(row_offset, column_offset)

参数说明：

表达式：一个 Range 对象，可使用本节讲解的其他方法创建。

row_offset、column_offset：分别用于指定偏移的行数和列数。正数表示向下 / 向右偏移，负数表示向上 / 向左偏移，0 或省略则表示不偏移。

应用场景　将指定的单元格区域向不同的方向偏移

◎ 代码文件：offset()函数.py
◎ 数据文件：汽车备案信息.xlsx

本案例要先在工作簿"汽车备案信息.xlsx"的工作表"汽车备案信息"中选取单元格区域 C6:E15，然后使用 Range 对象的 offset() 函数将该单元格区域向不同的方向偏移，得到新的单元格区域。演示代码如下：

```
1   import xlwings as xw  # 导入xlwings模块并简写为xw
2   app = xw.App(visible=False, add_book=False)  # 启动Excel程序
3   workbook = app.books.open('F:\\python\\第4章\\汽车备案信息.xlsx')  # 打
    开指定的工作簿
4   worksheet = workbook.sheets['汽车备案信息']  # 选取工作表"汽车备案信息"
5   area1 = worksheet.range('C6:E15')  # 选取单元格区域C6:E15
6   area2 = area1.offset(row_offset=2, column_offset=1)  # 将已有单元格
    区域向下偏移两行，向右偏移1列
7   area3 = area1.offset(row_offset=-1, column_offset=-2)  # 将已有单元
    格区域向上偏移1行，向左偏移两列
8   print(area1)  # 输出原先选取的单元格区域
9   print(area2)  # 输出向下和向右偏移后的单元格区域
10  print(area3)  # 输出向上和向左偏移后的单元格区域
11  workbook.close()  # 关闭工作簿
12  app.quit()  # 退出Excel程序
```

代码运行结果如下：

```
1   <Range [汽车备案信息.xlsx]汽车备案信息!$C$6:$E$15>
2   <Range [汽车备案信息.xlsx]汽车备案信息!$D$8:$F$17>
3   <Range [汽车备案信息.xlsx]汽车备案信息!$A$5:$C$14>
```

4.1.5　current_region 属性——选取单元格所在的当前区域

Range 对象的 current_region 属性用于返回指定单元格所在的当前区域，其效果相当于在 Excel 中使用"定位条件"对话框的"当前区域"单选按钮来选取单元格区域。其语法格式如下：

表达式.current_region

参数说明：

表达式：一个 Range 对象，可使用本节讲解的其他方法创建。

应用场景 选取工作表中指定单元格所在的当前区域

◎ 代码文件：current_region属性.py
◎ 数据文件：汽车备案信息.xlsx

本案例要使用 Range 对象的 current_region 属性，在工作簿"汽车备案信息.xlsx"的工作表"商用车信息"中选取单元格 C20 所在的当前区域。演示代码如下：

```python
import xlwings as xw  # 导入xlwings模块并简写为xw
app = xw.App(visible=False, add_book=False)  # 启动Excel程序
workbook = app.books.open('F:\\python\\第4章\\汽车备案信息.xlsx')  # 打开指定的工作簿
worksheet = workbook.sheets['商用车信息']  # 选取工作表"商用车信息"
cell = worksheet.range('C20').current_region  # 选取单元格C20所在的当前区域
print(cell)  # 输出选取的单元格区域
workbook.close()  # 关闭工作簿
app.quit()  # 退出Excel程序
```

代码运行结果如下：

```
<Range [汽车备案信息.xlsx]商用车信息!$A$1:$D$32>
```

4.1.6 last_cell 属性——选取单元格区域的最后一个单元格

Range 对象的 last_cell 属性用于选取指定单元格区域的最后一个单元格。其语法格式如下：

表达式.last_cell

参数说明：

表达式：一个 Range 对象，可使用本节讲解的其他方法创建。

应用场景　选取工作表中数据区域的最后一个单元格

◎ 代码文件：last_cell属性.py
◎ 数据文件：汽车备案信息.xlsx

本案例要先在工作簿"汽车备案信息.xlsx"的工作表"商用车信息"中选取含有数据的单元格区域，然后利用 last_cell 属性选取其中的最后一个单元格。演示代码如下：

```
1  import xlwings as xw  # 导入xlwings模块并简写为xw
2  app = xw.App(visible=False, add_book=False)  # 启动Excel程序
3  workbook = app.books.open('F:\\python\\第4章\\汽车备案信息.xlsx')  # 打
   开指定的工作簿
4  worksheet = workbook.sheets['商用车信息']  # 选取工作表"商用车信息"
5  cell = worksheet.range('A1').expand('table').last_cell  # 选取工作
   表中含有数据的单元格区域的最后一个单元格
6  print(cell)  # 输出选取的单元格
7  workbook.close()  # 关闭工作簿
8  app.quit()  # 退出Excel程序
```

代码运行结果如下：

```
1  <Range [汽车备案信息.xlsx]商用车信息!$D$32>
```

4.1.7　rows 属性和 columns 属性——选取单元格区域的某行和某列

Range 对象的 rows 属性用于返回一个 RangeRows 对象，代表指定单元格区域中的所有行；相应地，columns 属性用于返回一个 RangeColumns 对象，代表指定单元格区域中的所有列。其语法格式如下：

表达式.rows / columns

参数说明:

表达式:一个 Range 对象,可使用本节讲解的其他方法创建。

得到 RangeRows 对象或 RangeColumns 对象后,可以使用 for 语句遍历每一行或每一列。如果要从中选取所需的行或列,可以使用如下的语法格式:

表达式.rows / columns[索引号] 或 表达式.rows / columns(序号)

参数说明:

表达式:一个 Range 对象,可使用本节讲解的其他方法创建。

索引号:类似列表元素的索引号。例如,0 代表单元格区域的第 1 行,1 代表单元格区域的第 2 行,依此类推,返回的是代表单行或单列的 Range 对象。此外,还可以像列表切片那样选取多行或多列,返回相应的 RangeRows 对象或 RangeColumns 对象。例如,range1.rows[0:3] 表示从单元格区域 range1 中选取第 1~3 行。

序号:从 1 开始的整数。例如,1 代表单元格区域的第 1 行,2 代表单元格区域的第 2 行,依此类推,返回的是代表单行或单列的 Range 对象。

应用场景 1　从指定单元格区域中选取单行和单列

◎ 代码文件:rows属性和columns属性.py
◎ 数据文件:汽车备案信息.xlsx

本案例要先在工作簿“汽车备案信息.xlsx”的工作表“商用车信息”中选取单元格区域 A1:E5,再用 rows 属性和 columns 属性从该单元格区域中选取第 4 行和第 3 列。演示代码如下:

```
1  import xlwings as xw  # 导入xlwings模块并简写为xw
2  app = xw.App(visible=False, add_book=False)  # 启动Excel程序
3  workbook = app.books.open('F:\\python\\第4章\\汽车备案信息.xlsx')  # 打
   开指定的工作簿
4  worksheet = workbook.sheets['商用车信息']  # 选取工作表“商用车信息”
```

```
5    rng = worksheet.range('A1:E5')  # 选取单元格区域A1:E5
6    rng_row = rng.rows[3]  # 选取单元格区域A1:E5的第4行
7    rng_column = rng.columns[2]  # 选取单元格区域A1:E5的第3列
8    print(rng_row)  # 输出选取的单行
9    print(rng_column)  # 输出选取的单列
10   workbook.close()  # 关闭工作簿
11   app.quit()  # 退出Excel程序
```

第 6 行和第 7 行代码中的 "rng.rows[3]" 和 "rng.columns[2]" 可分别更改为 "rng.rows(4)" 和 "rng.columns(3)"。

代码运行结果如下：

```
1    <Range [汽车备案信息.xlsx]商用车信息!$A$4:$E$4>
2    <Range [汽车备案信息.xlsx]商用车信息!$C$1:$C$5>
```

应用场景 2　遍历指定单元格区域的每一行

◎ 代码文件：rows属性.py
◎ 数据文件：汽车备案信息.xlsx

本案例要先在工作簿 "汽车备案信息.xlsx" 的工作表 "商用车信息" 中选取单元格区域 A1:E5，再结合使用 for 语句与 rows 属性遍历该单元格区域的每一行。演示代码如下：

```
1    import xlwings as xw  # 导入xlwings模块并简写为xw
2    app = xw.App(visible=False, add_book=False)  # 启动Excel程序
3    workbook = app.books.open('F:\\python\\第4章\\汽车备案信息.xlsx')  # 打
     开指定的工作簿
4    worksheet = workbook.sheets['商用车信息']  # 选取工作表 "商用车信息"
```

```
5   rng = worksheet.range('A1:E5')  # 选取单元格区域A1:E5
6   for i in rng.rows:  # 遍历单元格区域A1:E5的所有行
7       print(i)  # 输出每一行对应的Range对象
8   workbook.close()  # 关闭工作簿
9   app.quit()  # 退出Excel程序
```

如果要遍历单元格区域 A1:E5 的每一列，可以将第 6 行代码中的 rows 属性更改为 columns 属性。

代码运行结果如下：

```
1   <Range [汽车备案信息.xlsx]商用车信息!$A$1:$E$1>
2   <Range [汽车备案信息.xlsx]商用车信息!$A$2:$E$2>
3   <Range [汽车备案信息.xlsx]商用车信息!$A$3:$E$3>
4   <Range [汽车备案信息.xlsx]商用车信息!$A$4:$E$4>
5   <Range [汽车备案信息.xlsx]商用车信息!$A$5:$E$5>
```

4.2　获取单元格的属性

创建了一个 Range 对象后，就可以通过这个对象的属性或函数执行所需的单元格操作。本节先介绍一些获取单元格属性（如单元格的地址、行号 / 列号、行数 / 列数等）的方法。

4.2.1　address 属性和 get_address() 函数——获取单元格区域的地址

Range 对象的 address 属性用于获取单元格区域的绝对引用地址。其语法格式如下：

表达式.address

参数说明：

表达式：一个 Range 对象，可使用 4.1 节讲解的方法创建。

Range 对象的 get_address() 函数用于按照指定格式返回单元格区域的地址，如绝对引用、相对引用、混合引用等格式的地址。其语法格式如下：

表达式.get_address(row_absolute, column_absolute, include_sheetname, external)

参数说明：

表达式：一个 Range 对象，可使用 4.1 节讲解的方法创建。

row_absolute：是否对地址中的行号使用绝对引用格式。设置为 True 或省略表示使用绝对引用格式，设置为 False 则表示使用相对引用格式。

column_absolute：是否对地址中的列标使用绝对引用格式。设置为 True 或省略表示使用绝对引用格式，设置为 False 则表示使用相对引用格式。

include_sheetname：是否在地址中包含工作表名称。设置为 True 表示包含，设置为 False 或省略则表示不包含。如果 external 参数设置为 True，将忽略此参数。

external：是否在地址中包含工作簿名称和工作表名称。设置为 True 表示包含，设置为 False 或省略则表示不包含。

如果以上 4 个参数均省略，则 get_address() 函数的返回值与 address 属性的返回值相同。

应用场景　获取指定单元格区域的地址

◎ 代码文件：address属性和get_address()函数.py
◎ 数据文件：汽车备案信息.xlsx

本案例要先在工作簿"汽车备案信息.xlsx"的工作表"商用车信息"中选取单元格区域 A10:D20，再使用 address 属性和 get_address() 函数以不同格式获取该单元格区域的地址。演示代码如下：

```
1  import xlwings as xw  # 导入xlwings模块并简写为xw
2  app = xw.App(visible=False, add_book=False)  # 启动Excel程序
3  workbook = app.books.open('F:\\python\\第4章\\汽车备案信息.xlsx')  # 打
   开指定的工作簿
```

```
4   worksheet = workbook.sheets['商用车信息']  # 选取工作表"商用车信息"
5   rng = worksheet.range('A10:D20')  # 选取单元格区域A10:D20
6   addr1 = rng.address  # 获取单元格区域的绝对引用地址
7   addr2 = rng.get_address(row_absolute=False, column_absolute=False)  # 获
    取单元格区域的相对引用地址
8   addr3 = rng.get_address(row_absolute=True, column_absolute=False)  # 获
    取单元格区域的混合引用地址
9   addr4 = rng.get_address(include_sheetname=True)  # 获取带工作表名称
    的绝对引用地址
10  addr5 = rng.get_address(external=True)  # 获取带工作簿名称和工作表名
    称的绝对引用地址
11  print(addr1, addr2, addr3)  # 输出获取的地址
12  print(addr4)  # 输出获取的地址
13  print(addr5)  # 输出获取的地址
14  workbook.close()  # 关闭工作簿
15  app.quit()  # 退出Excel程序
```

代码运行结果如下：

```
1   $A$10:$D$20 A10:D20 A$10:D$20
2   商用车信息!$A$10:$D$20
3   [汽车备案信息.xlsx]商用车信息!$A$10:$D$20
```

4.2.2　row 属性和 column 属性——获取单元格的行号和列号

Range 对象的 row 属性和 column 属性分别用于返回指定单元格的行号和列号。其语法格式如下：

表达式.row / column

参数说明：

表达式：一个 Range 对象，可使用 4.1 节讲解的方法创建。如果该 Range 对象代表的单元格区域包含多个单元格，则 row 属性和 column 属性分别返回的是区域中第 1 个单元格的行号和列号。

应用场景　获取指定单元格的行号和列号

◎ 代码文件：row属性和column属性.py
◎ 数据文件：汽车备案信息.xlsx

本案例要先在工作簿"汽车备案信息.xlsx"的工作表"商用车信息"中选取含有数据区域的最后一个单元格，再用 row 属性和 column 属性获取该单元格的行号和列号。演示代码如下：

```
1  import xlwings as xw  # 导入xlwings模块并简写为xw
2  app = xw.App(visible=False, add_book=False)  # 启动Excel程序
3  workbook = app.books.open('F:\\python\\第4章\\汽车备案信息.xlsx')  # 打
   开指定的工作簿
4  worksheet = workbook.sheets['商用车信息']  # 选取工作表"商用车信息"
5  rng = worksheet.range('A1').expand('table').last_cell  # 选取工作表
   中含有数据区域的最后一个单元格
6  row_num = rng.row  # 获取所选单元格的行号
7  column_num = rng.column  # 获取所选单元格的列号
8  print(row_num, column_num)  # 输出获取的行号和列号
9  workbook.close()  # 关闭工作簿
10 app.quit()  # 退出Excel程序
```

代码运行结果如下。从运行结果可知，工作表"商用车信息"中含有数据区域的最后一个单元格位于第 32 行、第 4 列，即单元格 D32。

```
1  32 4
```

4.2.3　count 属性——获取单元格区域的单元格数与行 / 列数

Range 对象的 count 属性用于返回指定单元格区域的单元格数。其语法格式如下：

表达式.count

参数说明：

表达式：一个 Range 对象，可使用 4.1 节讲解的方法创建。

用 Range 对象的 rows 和 columns 属性获得相应的 RangeRows 和 RangeColumns 对象后，可再用这两个对象的 count 属性分别返回指定单元格区域的行数和列数。其语法格式如下：

表达式.rows / columns.count

参数说明：

表达式：一个 Range 对象，可使用 4.1 节讲解的方法创建。

 应用场景　获取指定单元格区域的单元格数、行 / 列数

◎ 代码文件：count属性.py
◎ 数据文件：汽车备案信息.xlsx

本案例要先在工作簿"汽车备案信息.xlsx"的工作表"商用车信息"中选取含有数据的单元格区域，再获取该单元格区域的单元格数、行数和列数。演示代码如下：

```
1   import xlwings as xw  # 导入xlwings模块并简写为xw
2   app = xw.App(visible=False, add_book=False)  # 启动Excel程序
3   workbook = app.books.open('F:\\python\\第4章\\汽车备案信息.xlsx')  # 打
    开指定的工作簿
4   worksheet = workbook.sheets['商用车信息']  # 选取工作表"商用车信息"
5   rng = worksheet.range('A1').expand('table')  # 选取工作表中含有数据
    的单元格区域
6   cell_nums = rng.count  # 获取所选单元格区域的单元格数
```

```
7    row_nums = rng.rows.count  # 获取所选单元格区域的行数
8    col_nums = rng.columns.count  # 获取所选单元格区域的列数
9    print(cell_nums, row_nums, col_nums)  # 输出获取的数据
10   workbook.close()  # 关闭工作簿
11   app.quit()  # 退出Excel程序
```

代码运行结果如下：

```
1    128 32 4
```

4.2.4 shape 属性——获取单元格区域的行 / 列数

要获取单元格区域的行数和列数，除了使用 4.2.3 节讲解的方法，还可以使用 Range 对象的 shape 属性。该属性返回的是一个包含两个元素的元组，其中第 1 个元素为行数，第 2 个元素为列数。其语法格式如下：

表达式.shape

参数说明：

表达式：一个 Range 对象，可使用 4.1 节讲解的方法创建。

用 shape 属性获得元组后，可以通过"元组 [索引号]"的方式提取元组的元素，得到所需的行数或列数，用于执行其他操作。

应用场景 获取指定单元格区域的行数和列数

◎ 代码文件：shape属性.py
◎ 数据文件：汽车备案信息.xlsx

本案例要利用 Range 对象的 shape 属性，在工作簿"汽车备案信息.xlsx"的工作表"商用车信息"中获取含有数据的单元格区域的行数和列数。演示代码如下：

```
1   import xlwings as xw  # 导入xlwings模块并简写为xw
2   app = xw.App(visible=False, add_book=False)  # 启动Excel程序
3   workbook = app.books.open('F:\\python\\第4章\\汽车备案信息.xlsx')  # 打
    开指定的工作簿
4   worksheet = workbook.sheets['商用车信息']  # 选取工作表"商用车信息"
5   r_shape = worksheet.range('A1').expand('table').shape  # 获取工作表
    中含有数据区域的行数和列数，得到一个元组
6   row_nums = r_shape[0]  # 从元组中提取行数
7   col_nums = r_shape[1]  # 从元组中提取列数
8   print(r_shape)  # 输出获取的元组
9   print(row_nums, col_nums)  # 输出提取的行数和列数
10  workbook.close()  # 关闭工作簿
11  app.quit()  # 退出Excel程序
```

代码运行结果如下：

```
1   (32, 4)
2   32 4
```

4.2.5　width 属性和 height 属性——获取单元格区域的宽度和高度

Range 对象的 width 属性和 height 属性分别用于获取单元格区域的宽度和高度。其语法格式如下：

表达式.width / height

参数说明：

表达式：一个 Range 对象，可使用 4.1 节讲解的方法创建。

这两个属性是只读属性，只可取值不可赋值，获得的值的单位是磅（pt）。

应用场景 　获取指定单元格区域的宽度和高度

　◎ 代码文件：width属性和height属性.py
　◎ 数据文件：出库表2.xlsx

下图所示为工作簿 "出库表 2.xlsx" 的第 1 个工作表的内容，本案例要使用 Range 对象的 width 属性和 height 属性获取含有数据的单元格区域的宽度和高度。演示代码如下：

▲	A	B	C	D	E	F
1	产品出库表					
2	配件编号	配件名称	出库数量	单位	单价	
3	FB05211450	离合器	10	个	20	
4	FB05211451	操纵杆	20	个	60	
5	FB05211452	转速表	50	块	200	
6	FB05211453	里程表	600	块	280	
7	FB05211454	组合表	30	个	850	
8	FB05211455	缓速器	70	个	30	
9	FB05211456	胶垫	80	个	30	
10	FB05211457	气压表	111	个	90	
11	FB05211458	调整垫	540	个	6	
12	FB05211459	上衬套	20	个	10	
13	FB05211460	主销	30	个	60	
14	FB05211461	下衬套	60	个	10	
15	FB05211462	转向节	90	个	30	
16	FB05211463	继动阀	100	个	120	
17						
18			width			

（右侧标注：height）

Sheet1　Sheet2　＋

```
1  import xlwings as xw  # 导入xlwings模块并简写为xw
2  app = xw.App(visible=False, add_book=False)  # 启动Excel程序
3  workbook = app.books.open('F:\\python\\第4章\\出库表2.xlsx')  # 打
   开指定的工作簿
4  worksheet = workbook.sheets[0]  # 选取第1个工作表
5  area = worksheet.range('A1').expand('table')  # 选取工作表中含有数据
   的单元格区域
6  a = area.width  # 获取所选单元格区域的宽度
```

```
7    b = area.height   # 获取所选单元格区域的高度
8    print(a, b)   # 输出获取的宽度和高度
9    workbook.close()   # 关闭工作簿
10   app.quit()   # 退出Excel程序
```

代码运行结果如下：

```
1    102.75 281.25
```

4.3　编辑单元格

本节将讲解如何使用 Range 对象的属性和函数完成单元格的编辑操作，如清除单元格的内容和格式、在单元格中读写数据、合并和拆分单元格等。

4.3.1　clear_contents() 函数和 clear() 函数——清除单元格的内容和格式

Range 对象的 clear_contents() 函数用于清除单元格的内容，但不会清除单元格的格式设置。其语法格式如下：

表达式.clear_contents()

参数说明：

表达式：一个 Range 对象，可使用 4.1 节讲解的方法创建。

Range 对象的 clear() 函数用于清除单元格的内容和格式设置。其语法格式如下：

表达式.clear()

参数说明：

表达式：一个 Range 对象，可使用 4.1 节讲解的方法创建。

应用场景   清除指定单元格区域的内容和格式

 ◎ 代码文件：clear_contents()函数和clear()函数.py
◎ 数据文件：出库表.xlsx

下图所示为工作簿"出库表.xlsx"中工作表"Sheet1"的内容。

	A	B	C	D	E	F
1	配件编号	配件名称	出库数量	单位	单价	
2	FB05211450	离合器	10	个	20	
3	FB05211451	操纵杆	20	个	60	
4	**FB05211452**	**转速表**	**50**	**块**	**200**	
5	FB05211453	里程表	600	块	280	
6	FB05211454	组合表	30	个	850	
7	FB05211455	缓速器	70	个	30	
8	FB05211456	胶垫	80	个	30	

Sheet1 Sheet2 ⊕

本案例要清除该工作表中单元格区域 A4:B4 的内容，以及单元格区域 D4:E4 的内容和格式设置。演示代码如下：

```
1  import xlwings as xw  # 导入xlwings模块并简写为xw
2  app = xw.App(visible=False, add_book=False)  # 启动Excel程序
3  workbook = app.books.open('F:\\python\\第4章\\出库表.xlsx')  # 打开
   指定的工作簿
4  worksheet = workbook.sheets['Sheet1']  # 选取工作表"Sheet1"
5  worksheet.range('A4:B4').clear_contents()  # 清除单元格区域A4:B4的内
   容，但保留格式设置
6  worksheet.range('D4:E4').clear()  # 同时清除单元格区域D4:E4的内容和
   格式
7  workbook.save()  # 保存工作簿
8  workbook.close()  # 关闭工作簿
9  app.quit()  # 退出Excel程序
```

运行以上代码后，打开工作簿"出库表.xlsx"，可看到清除内容和格式后的效果，如下图所示。

▲	A	B	C	D	E	F
1	配件编号	配件名称	出库数量	单位	单价	
2	FB05211450	离合器	10	个	20	
3	FB05211451	操纵杆	20	个	60	
4			50			
5	FB05211453	里程表	600	块	280	
6	FB05211454	组合表	30	个	850	
7	FB05211455	缓速器	70	个	30	
8	FB05211456	胶垫	80	个	30	

◄ ► 　Sheet1　Sheet2　⊕

就绪 🔳

4.3.2　value 属性——读取或输入数据

Range 对象的 value 属性用于返回指定单元格区域中的数据，通过为该属性赋值则可在单元格区域中输入数据。调用 value 属性的语法格式如下：

表达式.value

参数说明：

表达式：一个 Range 对象，可使用 4.1 节讲解的方法创建。

 应用场景 1　读取指定单元格区域的数据

◎ 代码文件：value属性1.py
◎ 数据文件：出库表.xlsx

本案例要使用 Range 对象的 value 属性，在工作簿"出库表.xlsx"的工作表"Sheet1"中读取不同单元格区域的数据。演示代码如下：

```
1    import xlwings as xw  # 导入xlwings模块并简写为xw
2    app = xw.App(visible=False, add_book=False)  # 启动Excel程序
3    workbook = app.books.open('F:\\python\\第4章\\出库表.xlsx')  # 打开
     指定的工作簿
```

```
4   worksheet = workbook.sheets['Sheet1']  # 选取工作表"Sheet1"
5   data1 = worksheet.range('B5').value  # 读取单元格B5中的数据
6   data2 = worksheet.range('B5:B8').value  # 读取单元格区域B5:B8中的数据
7   data3 = worksheet.range('B5:D5').value  # 读取单元格区域B5:D5中的数据
8   data4 = worksheet.range('B5:D8').value  # 读取单元格区域B5:D8中的数据
9   print(data1)  # 输出单元格B5中的数据
10  print(data2)  # 输出单元格区域B5:B8中的数据
11  print(data3)  # 输出单元格区域B5:D5中的数据
12  print(data4)  # 输出单元格区域B5:D8中的数据
13  workbook.close()  # 关闭工作簿
14  app.quit()  # 退出Excel程序
```

代码运行结果如下：

```
1   里程表
2   ['里程表', '组合表', '缓速器', '胶垫']
3   ['里程表', 600.0, '块']
4   [['里程表', 600.0, '块'], ['组合表', 30.0, '个'], ['缓速器', 70.0,
    '个'], ['胶垫', 80.0, '个']]
```

从运行结果可以看出，如果读取的是单个单元格（如单元格 B5），则返回的是单个值；如果读取的单元格区域是一维的（只有一列或一行，如单元格区域 B5:B8 和 B5:D5），则返回的是一维列表；如果读取的单元格区域是二维的（有多行和多列，如单元格区域 B5:D8），则返回的是二维列表。

应用场景 2　在单元格区域中输入数据

　◎ 代码文件：value属性2.py

本案例要新建一个工作簿，然后在第 1 个工作表中利用 Range 对象的 value 属性以不同的方式输入数据。演示代码如下：

```
1   import xlwings as xw  # 导入xlwings模块并简写为xw
2   app = xw.App(visible=False, add_book=False)  # 启动Excel程序
3   workbook = app.books.add()  # 新建一个工作簿
4   worksheet = workbook.sheets[0]  # 选取新建工作簿的第1个工作表
5   worksheet.range('A1').value = ['编号', '姓名', '性别']  # 从单元格A1
    开始按行方向输入列表数据
6   worksheet.range('A2').value = [['A001'], ['A002'], ['A003']]  # 从
    单元格A2开始按列方向输入列表数据
7   worksheet.range('B2').value = [['小孟'], ['小李'], ['老杜']]  # 从
    单元格B2开始按列方向输入列表数据
8   worksheet.range('C2').value = [['男'], ['女'], ['男']]  # 从单元格
    C2开始按列方向输入列表数据
9   worksheet.range('A5').value = [['A004', '老赵', '男'], ['A005', '小
    严', '女'], ['A006', '小王', '女']]  # 从单元格A5开始同时按行方向和列
    方向输入列表数据
10  workbook.save('F:\\python\\第4章\\员工表.xlsx')  # 保存工作簿
11  workbook.close()  # 关闭工作簿
12  app.quit()  # 退出Excel程序
```

运行以上代码后，打开生成的工作簿"员工表.xlsx"，可看到在第 1 个工作表中输入的数据，如右图所示。

4.3.3　formula 属性——读取或输入公式

Range 对象的 formula 属性用于返回指定单元格区域中的公式，通过为该属性赋值则可在单元格区域中输入公式。调用 formula 属性的语法格式如下：

表达式.formula

参数说明：

表达式：一个 Range 对象，可使用 4.1 节讲解的方法创建。

应用场景　在指定单元格中输入公式

　　◎ 代码文件：formula属性.py
　　◎ 数据文件：成绩表.xlsx

下图所示为工作簿"成绩表.xlsx"的工作表"Sheet1"中的成绩表格，现在需要在单元格区域 E2:E6 和 B7:D7 中输入公式，分别计算每个学生的个人总分和每个科目的平均分。

	A	B	C	D	E	F	G
1	学号	语文	数学	物理	个人总分		
2	A0001	90	80	75			
3	A0002	100	60	85			
4	A0003	94	76	91			
5	A0004	83	93	97			
6	A0005	97	68	64			
7	科目平均分						
8							

Sheet1 ⊕

就绪

计算每个学生的个人总分需要使用工作表函数 SUM() 和每一行分数区域的地址来构造公式，如"=SUM(B2:D2)"；计算每个科目的平均分需要使用工作表函数 AVERAGE() 和每一列分数区域的地址来构造公式，如"=AVERAGE(B2:B6)"。将构造好的公式字符串赋给 Range 对象的 formula 属性，即可输入公式，完成计算。演示代码如下：

```python
1   import xlwings as xw  # 导入xlwings模块并简写为xw
2   app = xw.App(visible=False, add_book=False)  # 启动Excel程序
3   workbook = app.books.open('F:\\python\\第4章\\成绩表.xlsx')  # 打开
    指定的工作簿
4   worksheet = workbook.sheets['Sheet1']  # 选取工作表 "Sheet1"
5   rng = worksheet.range('B2').expand('table')  # 选取包含分数数据的单
    元格区域
6   for r in rng.rows:  # 按行遍历分数数据
7       row_addr = r.get_address(row_absolute=False, column_absolute=
        False)  # 获取每一行分数区域的相对引用地址
8       row_formula = f'=SUM({row_addr})'  # 用获取的地址构造公式字符串
9       cell = r.last_cell.offset(column_offset=1)  # 选取每一行分数区域
        右侧的空白单元格
10      cell.formula = row_formula  # 在空白单元格中输入公式
11  for c in rng.columns:  # 按列遍历分数数据
12      col_addr = c.get_address(row_absolute=False, column_absolute=
        False)  # 获取每一列分数区域的相对引用地址
13      col_formula = f'=AVERAGE({col_addr})'  # 用获取的地址构造公式字
        符串
14      cell = c.last_cell.offset(row_offset=1)  # 选取每一列分数区域下
        方的空白单元格
15      cell.formula = col_formula  # 在空白单元格中输入公式
16  workbook.save('F:\\python\\第4章\\成绩表1.xlsx')  # 另存工作簿
17  workbook.close()  # 关闭工作簿
18  app.quit()  # 退出Excel程序
```

第 6 ～ 10 行代码用于在"个人总分"列的空白单元格中输入公式。其中第 6 行代码结合使用 for 语句和 4.1.7 节介绍的 rows 属性，按行遍历包含分数数据的单元格区域（即第 5 行代码选取的 B2:D6）。第 7 行代码使用 4.2.1 节介绍的 get_address() 函数获取每一行分数区域的相

对引用地址，如 B2:D2。第 8 行代码使用 2.2.2 节的 "应用场景 2" 介绍的 f-string 方法，将获取的地址拼接到 SUM() 函数中，得到公式字符串，如 "=SUM(B2:D2)"。第 9 行代码先用 4.1.6 节介绍的 last_cell 属性选取每一行分数区域的最后一个单元格，再用 4.1.4 节介绍的 offset() 函数向右偏移一列，即可选取要输入公式的空白单元格。第 10 行代码通过为 formula 属性赋值，在空白单元格中输入公式。

第 11～15 行代码用于在 "科目平均分" 行的空白单元格中输入公式，编写思路与第 6～10 行代码相同，这里不再详述。

运行以上代码后，打开生成的工作簿 "成绩表 1.xlsx"，可看到计算结果。选中包含计算结果的任意一个单元格，如 C7，在编辑栏中可看到输入的公式，如下图所示。

学号	语文	数学	物理	个人总分
A0001	90	80	75	245
A0002	100	60	85	245
A0003	94	76	91	261
A0004	83	93	97	273
A0005	97	68	64	229
科目平均分	92.8	75.4	82.4	

C7 编辑栏：=AVERAGE(C2:C6)

4.3.4 merge() 函数和 unmerge() 函数——合并和拆分单元格

Range 对象的 merge() 函数和 unmerge() 函数分别用于完成合并单元格和取消合并单元格的操作。其语法格式如下：

表达式.merge(across) / unmerge()

参数说明：

表达式：一个 Range 对象，可使用 4.1 节讲解的方法创建。

across：用于设置是否将单元格区域中的每一行单元格分别合并。如果设置为 False 或省略该参数，表示不分别合并每一行单元格；如果设置为 True，则表示分别合并每一行单元格。

应用场景 1　合并指定的单元格区域

◎ 代码文件：merge()函数.py
◎ 数据文件：出库表1.xlsx

下图所示为工作簿"出库表 1.xlsx"的第 1 个工作表的内容。现在需要合并单元格区域 A1:E1，制作出更美观的表格标题。

	A	B	C	D	E	F
1	产品出库表					
2	配件编号	配件名称	出库数量	单位	单价	
3	FB05211450	离合器	10	个	20	
4	FB05211451	操纵杆	20	个	60	
5	FB05211452	转速表	50	块	200	
6	FB05211453	里程表	600	块	280	
7	FB05211454	组合表	30	个	850	
8	FB05211455	缓速器	70	个	30	
9	FB05211456	胶垫	80	个	30	

使用 Range 对象的 merge() 函数即可达到目的。演示代码如下：

```
1   import xlwings as xw  # 导入xlwings模块并简写为xw
2   app = xw.App(visible=False, add_book=False)  # 启动Excel程序
3   workbook = app.books.open('F:\\python\\第4章\\出库表1.xlsx')  # 打
    开指定的工作簿
4   worksheet = workbook.sheets[0]  # 选取第1个工作表
5   worksheet.range('A1:E1').merge()  # 合并单元格区域A1:E1
6   workbook.save('F:\\python\\第4章\\出库表2.xlsx')  # 另存工作簿
7   workbook.close()  # 关闭工作簿
8   app.quit()  # 退出Excel程序
```

运行以上代码后，打开生成的工作簿"出库表 2.xlsx"，可以看到合并单元格区域 A1:E1 的效果，如下页图所示。

产品出库表					
配件编号	配件名称	出库数量	单位	单价	
FB05211450	离合器	10	个	20	
FB05211451	操纵杆	20	个	60	
FB05211452	转速表	50	块	200	
FB05211453	里程表	600	块	280	
FB05211454	组合表	30	个	850	
FB05211455	缓速器	70	个	30	
FB05211456	胶垫	80	个	30	

Sheet1　Sheet2　⊕

就绪

应用场景 2　拆分合并的单元格区域

◎ 代码文件：unmerge()函数.py

◎ 数据文件：出库表2.xlsx

本案例要使用 Range 对象的 unmerge() 函数，将上一个案例中合并好的单元格区域 A1:E1 拆分成单独的单元格。演示代码如下：

```
1  import xlwings as xw  # 导入xlwings模块并简写为xw
2  app = xw.App(visible=False, add_book=False)  # 启动Excel程序
3  workbook = app.books.open('F:\\python\\第4章\\出库表2.xlsx')  # 打
   开指定的工作簿
4  worksheet = workbook.sheets[0]  # 选取第1个工作表
5  worksheet.range('A1:E1').unmerge()  # 拆分单元格区域A1:E1
6  workbook.save('F:\\python\\第4章\\出库表3.xlsx')  # 另存工作簿
7  workbook.close()  # 关闭工作簿
8  app.quit()  # 退出Excel程序
```

运行以上代码后，打开生成的工作簿"出库表 3.xlsx"，可看到单元格区域 A1:E1 被拆分为单独的单元格。

4.3.5　copy() 函数——复制单元格

Range 对象的 copy() 函数用于复制单元格区域。其语法格式如下：

表达式.copy(destination)

参数说明：

表达式：一个 Range 对象，可使用 4.1 节讲解的方法创建。

destination：通常设置成另一个 Range 对象，代表复制操作的目标位置。如果省略该参数，表示将所选单元格区域复制到剪贴板。

应用场景　通过复制单元格区域合并多个工作表的数据

◎ 代码文件：copy()函数.py
◎ 数据文件：员工档案表1.xlsx

工作簿"员工档案表 1.xlsx"中按入职年份分工作表存放着员工的信息，如下两图所示。

下面利用 Range 对象的 copy() 函数复制单元格区域，将这些工作表的数据内容合并到一个新工作簿中。演示代码如下：

```
1  import xlwings as xw  # 导入xlwings模块并简写为xw
2  app = xw.App(visible=False, add_book=False)  # 启动Excel程序
3  book_src = app.books.open('F:\\python\\第4章\\员工档案表1.xlsx')  # 打
   开来源工作簿
4  book_des = app.books.add()  # 新建一个工作簿，作为目标工作簿
```

```
5    sheet_des = book_des.sheets[0]  # 选取目标工作簿的第1个工作表，作为存
     放合并数据的目标工作表
6    column_title = book_src.sheets[0].range('A1').expand('right')  # 在
     来源工作簿的第1个工作表中选取表头所在的单元格区域
7    column_title.copy(destination=sheet_des.range('A1'))  # 将表头区域
     复制到目标工作表，目标位置为单元格A1
8    for i in book_src.sheets:  # 遍历来源工作簿中的工作表
9        data_src = i.range('A2').expand('table')  # 在来源工作表中选取表
         头下方的数据区域
10       data_des = sheet_des.range('A1').expand('down').last_cell.off-
         set(row_offset=1)  # 在目标工作表中选取含有数据的区域A列下方的空白
         单元格，作为复制的目标位置
11       data_src.copy(destination=data_des)  # 将在来源工作表中选取的数
         据区域复制到目标工作表的目标位置
12   book_src.close()  # 关闭来源工作簿
13   sheet_des.autofit()  # 自动调整目标工作表的行高和列宽
14   book_des.save('F:\\python\\第4章\\员工档案表（合并）.xlsx')  # 保存目
     标工作簿
15   app.quit()  # 退出Excel程序
```

运行以上代码后，打开生成的工作簿"员工档案表（合并）.xlsx"，可看到通过复制单元格区域合并数据的效果，如右图所示。

	A	B	C	D	E	F
1	姓名	性别	部门	入职时间	手机号码	
2	孙**	男	财务部	2013/5/6	13800138***	
3	赵**	男	采购部	2013/7/8	13800138***	
4	王**	女	采购部	2014/5/26	13800138***	
5	冯**	男	行政部	2014/6/9	13800138***	
6	孔**	女	财务部	2015/1/5	13800138***	
7	钱**	女	销售部	2016/5/8	13800138***	
8	陈**	女	采购部	2016/5/9	13800138***	
9	程**	男	销售部	2017/10/6	13800138***	
10	毕**	女	行政部	2018/9/15	13800138***	
11	李**	男	销售部	2018/4/5	13800138***	
12						

Sheet1 ⊕

就绪

4.4　设置单元格格式

为了让表格更美观，常常需要设置单元格的格式，如字体、填充颜色、数字格式、行高和列宽等。本节将详细介绍如何使用 Range 对象的属性和函数设置单元格格式。

4.4.1　font 属性——设置字体格式

字体格式包括字体、字号、字体颜色、字形等。在 xlwings 模块中，要设置单元格的字体格式，需先用 Range 对象的 font 属性获得一个 Font 对象，再通过为这个 Font 对象的属性赋值来完成字体格式的设置。调用 font 属性的语法格式如下：

表达式.font

参数说明：

表达式：一个 Range 对象，可使用 4.1 节讲解的方法创建。

获得 Font 对象后，可以用该对象的 name 属性设置字体，用 size 属性设置字号，用 color 属性设置字体颜色，用 bold 属性设置字形是否加粗，用 italic 属性设置字形是否倾斜。

应用场景　设置指定单元格区域的字体格式

◎ 代码文件：font属性.py
◎ 数据文件：员工档案表.xlsx

下图所示为工作簿"员工档案表.xlsx"的第 1 个工作表中的数据表。

	A	B	C	D	E	F
1	序号	姓名	性别	部门	入职时间	
2	1	孔**	女	财务部	2015/1/5	
3	2	李**	男	销售部	2019/4/5	
4	3	钱**	女	销售部	2016/5/8	
5	4	孙**	男	财务部	2010/5/6	
6	5	冯**	男	行政部	2014/6/9	
7	6	陈**	女	采购部	2016/5/9	
8	7	程**	男	销售部	2017/10/6	

　Sheet1　⊕

就绪

下面利用 Range 对象的 font 属性，设置单元格区域 A1:E1 的字体、字号、字体颜色和字形。演示代码如下：

```
1   import xlwings as xw  # 导入xlwings模块并简写为xw
2   app = xw.App(visible=False, add_book=False)  # 启动Excel程序
3   workbook = app.books.open('F:\\python\\第4章\\员工档案表.xlsx')  # 打
    开指定的工作簿
4   worksheet = workbook.sheets[0]  # 选取第1个工作表
5   area = worksheet.range('A1:E1')  # 选取单元格区域A1:E1
6   area.font.name = '微软雅黑'  # 设置所选单元格区域的字体
7   area.font.size = 10  # 设置所选单元格区域的字号
8   area.font.bold = True  # 设置所选单元格区域的字形为加粗
9   area.font.color = (255, 0, 0)  # 设置所选单元格区域的字体颜色
10  workbook.save('F:\\python\\第4章\\员工档案表1.xlsx')  # 另存工作簿
11  workbook.close()  # 关闭工作簿
12  app.quit()  # 退出Excel程序
```

需要特别说明的是，第 9 行代码中字体颜色的值有两种形式：第 1 种是 RGB 颜色值，用元组表示，如 (255, 0, 0)；第 2 种是十六进制颜色码，用字符串表示，如 '#ff0000' 或 '#FF0000'。这两种颜色值的相互转换可以利用一些在线工具来完成，有需要的读者可以自行搜索。

运行以上代码后，打开生成的工作簿"员工档案表 1.xlsx"，可看到为单元格区域 A1:E1 设置字体格式的效果，如下图所示。具体效果请读者自行运行代码后查看。

	A	B	C	D	E	F
1	序号	姓名	性别	部门	入职时间	
2	1	孔**	女	财务部	2015/1/5	
3	2	李**	男	销售部	2019/4/5	
4	3	钱**	女	销售部	2016/5/8	
5	4	孙**	男	财务部	2010/5/6	
6	5	冯**	男	行政部	2014/6/9	
7	6	陈**	女	采购部	2016/5/9	
8	7	程**	男	销售部	2017/10/6	

4.4.2　color 属性——设置填充颜色

为 Range 对象的 color 属性赋值，可以设置单元格的填充颜色，以突出显示单元格。其语法格式如下：

表达式.color

参数说明：

表达式：一个 Range 对象，可使用 4.1 节讲解的方法创建。

color 属性的值同样有元组和字符串两种形式。如果要清除填充颜色，可将 color 属性赋值为 None。

应用场景　设置指定单元格区域的填充颜色

◎ 代码文件：color属性.py
◎ 数据文件：员工档案表.xlsx

本案例要使用 Range 对象的 color 属性，为工作簿"员工档案表.xlsx"的第 1 个工作表中的单元格区域 A1:E1 设置填充颜色。演示代码如下：

```
1  import xlwings as xw  # 导入xlwings模块并简写为xw
2  app = xw.App(visible=False, add_book=False)  # 启动Excel程序
3  workbook = app.books.open('F:\\python\\第4章\\员工档案表.xlsx')  # 打
   开指定的工作簿
4  worksheet = workbook.sheets[0]  # 选取第1个工作表
5  area = worksheet.range('A1:E1')  # 选取单元格区域A1:E1
6  area.color = (255, 255, 0)  # 设置所选单元格区域的填充颜色
7  workbook.save('F:\\python\\第4章\\员工档案表1.xlsx')  # 另存工作簿
8  workbook.close()  # 关闭工作簿
9  app.quit()  # 退出Excel程序
```

运行以上代码后，打开生成的工作簿"员工档案表 1.xlsx"，可看到为单元格区域 A1:E1 设置填充颜色的效果，如下图所示。具体效果请读者自行运行代码后查看。

	A	B	C	D	E	F
1	序号	姓名	性别	部门	入职时间	
2	1	孔**	女	财务部	2015/1/5	
3	2	李**	男	销售部	2019/4/5	
4	3	钱**	女	销售部	2016/5/8	
5	4	孙**	男	财务部	2010/5/6	
6	5	冯**	男	行政部	2014/6/9	
7	6	陈**	女	采购部	2016/5/9	
8	7	程**	男	销售部	2017/10/6	

4.4.3　number_format 属性——设置数字格式

Range 对象的 number_format 属性用于设置单元格区域的数字格式。其语法格式如下：

表达式.number_format

参数说明：

表达式：一个 Range 对象，可使用 4.1 节讲解的方法创建。

number_format 属性的值为要设置的数字格式的字符串，与 Excel 的"设置单元格格式"对话框中"数字"选项卡下设置的格式对应，如下图所示。

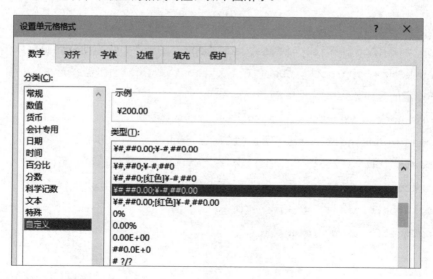

应用场景　设置指定单元格区域的数字格式

◎ 代码文件：number_format属性.py

◎ 数据文件：统计表.xlsx

下图所示为工作簿"统计表.xlsx"中第 1 个工作表的内容。

	A	B	C	D	E
1	产品名称	出库数量	单价	出库金额	
2	离合器	10	20	200	
3	操纵杆	20	60	1200	
4	转速表	50	200	10000	
5	里程表	600	280	168000	
6	组合表	30	850	25500	
7	缓速器	70	30	2100	
8	胶垫	80	30	2400	

Sheet1　Sheet2　⊕

就绪

下面使用 Range 对象的 number_format 属性，将单元格区域 D2:D8 的数字格式设置为带货币符号的两位小数。演示代码如下：

```
1  import xlwings as xw  # 导入xlwings模块并简写为xw
2  app = xw.App(visible=False, add_book=False)  # 启动Excel程序
3  workbook = app.books.open('F:\\python\\第4章\\统计表.xlsx')  # 打开
   指定的工作簿
4  worksheet = workbook.sheets[0]  # 选取第1个工作表
5  area = worksheet.range('D2:D8')  # 选取单元格区域D2:D8
6  area.number_format = '¥#,##0.00;¥-#,##0.00'  # 设置所选单元格区域的
   数字格式
7  workbook.save('F:\\python\\第4章\\统计表1.xlsx')  # 另存工作簿
8  workbook.close()  # 关闭工作簿
9  app.quit()  # 退出Excel程序
```

运行以上代码后，打开生成的工作簿"统计表 1.xlsx"，可看到为第 1 个工作表中的单元格

区域 D2:D8 设置数字格式的效果，如下图所示。

	A	B	C	D	E
1	产品名称	出库数量	单价	出库金额	
2	离合器	10	20	¥200.00	
3	操纵杆	20	60	¥1,200.00	
4	转速表	50	200	¥10,000.00	
5	里程表	600	280	¥168,000.00	
6	组合表	30	850	¥25,500.00	
7	缓速器	70	30	¥2,100.00	
8	胶垫	80	30	¥2,400.00	

4.4.4 wrap_text 属性——设置单元格内容自动换行

Range 对象的 wrap_text 属性用于设置当单元格内容的长度超过单元格列宽时让内容自动换行。其语法格式如下：

表达式.wrap_text

参数说明：

表达式：一个 Range 对象，可使用 4.1 节讲解的方法创建。

将 wrap_text 属性的值设置为 True 表示自动换行，设置为 False 则表示不自动换行。

应用场景　设置指定单元格区域的内容自动换行

◎ 代码文件：wrap_text属性.py
◎ 数据文件：推荐图书.xlsx

右图所示为工作簿"推荐图书.xlsx"中第 1 个工作表的内容，可以看到 A 列中的部分书名因为长度超过了列宽而未显示完全。此时可以通过设置 Range 对象的 wrap_text 属性让单元格内容自动换行，从而完整地显示书名。演示代码如下：

	A	B	C
1	书名	定价	出版时间
2	超简单：用Python让Excel飞起来	¥69.80	2020年8月
3	:：用Python让Excel飞起来（实战15	¥79.80	2021年7月
4	Python让Excel飞起来（核心模块语	¥79.80	2021年10月
5	on网络爬虫案例实战全流程详解（入	¥99.00	2021年7月
6	on网络爬虫案例实战全流程详解（	¥89.80	2021年7月

```
1  import xlwings as xw  # 导入xlwings模块并简写为xw
2  app = xw.App(visible=False, add_book=False)  # 启动Excel程序
3  workbook = app.books.open('F:\\python\\第4章\\推荐图书.xlsx')  # 打
   开指定的工作簿
4  worksheet = workbook.sheets[0]  # 选取第1个工作表
5  area = worksheet.range('A2').expand('down')  # 选取A列含有书名的单元
   格区域
6  area.wrap_text = True  # 设置所选单元格区域的内容自动换行
7  workbook.save('F:\\python\\第4章\\推荐图书1.xlsx')  # 另存工作簿
8  workbook.close()  # 关闭工作簿
9  app.quit()  # 退出Excel程序
```

运行以上代码后，打开生成的工作簿"推荐图书 1.xlsx"，可看到第 1 个工作表 A 列中的书名进行了自动换行，从而完整地显示出来，如右图所示。

	A	B	C
1	书名	定价	出版时间
2	超简单：用Python让Excel飞起来	¥69.80	2020年8月
3	超简单：用Python让Excel飞起来（实战150例）	¥79.80	2021年7月
4	超简单：用Python让Excel飞起来（核心模块语法详解篇）	¥79.80	2021年10月
5	零基础学Python网络爬虫案例实战全流程详解（入门与提高篇）	¥99.00	2021年7月
6	零基础学Python网络爬虫案例实战全流程详解（高级进阶篇）	¥89.80	2021年7月

Sheet1　＋

4.4.5　column_width 属性和 row_height 属性——设置列宽和行高

Range 对象的 column_width 属性和 row_height 属性分别用于获取和设置指定单元格区域的列宽和行高。其语法格式如下：

表达式.column_width / row_height

参数说明：

表达式：一个 Range 对象，可使用 4.1 节讲解的方法创建。

column_width 属性用于获取和设置列宽，取值范围是 0～255，单位是字符。用该属性获

取列宽时，如果单元格区域中各列的列宽相同，则返回列宽值；如果单元格区域中各列的列宽不同，则根据单元格区域位于已使用区域的内部或外部分别返回 None 或第 1 列的列宽值。

row_height 属性用于获取和设置行高，取值范围是 0～409.5，单位是磅（pt）。用该属性获取行高时，如果单元格区域中各行的行高相同，则返回行高值；如果单元格区域中各行的行高不同，则根据单元格区域位于已使用区域的内部或外部分别返回 None 或第 1 行的行高值。

应用场景 2　设置指定单元格的列宽和行高

◎ 代码文件：column_width属性和row_height属性2.py
◎ 数据文件：出库表2.xlsx

下图所示为工作簿"出库表 2.xlsx"中第 1 个工作表的数据表。可以看到，表头行（第 2 行）与数据行的行高相同，导致表头显得不够突出。此外，C 列和 D 列的列宽太大，不够美观。

	A	B	C	D	E	F
1			产品出库表			
2	配件编号	配件名称	出库数量	单位	单价	
3	FB05211450	离合器	10	个	20	
4	FB05211451	操纵杆	20	个	60	
5	FB05211452	转速表	50	块	200	
6	FB05211453	里程表	600	块	280	
7	FB05211454	组合表	30	个	850	
8	FB05211455	缓速器	70	个	30	

Sheet1　Sheet2　(+)

下面利用 Range 对象的 column_width 属性和 row_height 属性，重新设置第 2 行的行高，并将 C 列的列宽调至与 B 列相同，D 列的列宽调至与 E 列相同。演示代码如下：

```
1   import xlwings as xw  # 导入xlwings模块并简写为xw
2   app = xw.App(visible=False, add_book=False)  # 启动Excel程序
3   workbook = app.books.open('F:\\python\\第4章\\出库表2.xlsx')  # 打
    开指定的工作簿
4   worksheet = workbook.sheets[0]  # 选取第1个工作表
5   worksheet.range('A2').row_height = 25  # 设置单元格A2的行高
```

```
6   worksheet.range('C2').column_width = worksheet.range('B2').column_
    width   # 获取单元格B2的列宽值，并将单元格C2的列宽设置为该值
7   worksheet.range('D2').column_width = worksheet.range('E2').column_
    width   # 获取单元格E2的列宽值，并将单元格D2的列宽设置为该值
8   workbook.save('F:\\python\\第4章\\出库表3.xlsx')   # 另存工作簿
9   workbook.close()   # 关闭工作簿
10  app.quit()   # 退出Excel程序
```

运行以上代码后，打开生成的工作簿"出库表 3.xlsx"，可看到设置列宽和行高后的效果，如右图所示。

	A	B	C	D	E
1	产品出库表				
2	配件编号	配件名称	出库数量	单位	单价
3	FB05211450	离合器	10	个	20
4	FB05211451	操纵杆	20	个	60
5	FB05211452	转速表	50	块	200
6	FB05211453	里程表	600	块	280
7	FB05211454	组合表	30	个	850
8	FB05211455	缓速器	70	个	30

Sheet1　Sheet2　(+)

4.4.6　autofit() 函数——自动调整行高和列宽

Range 对象的 autofit() 函数用于自动调整单元格区域的行高和列宽。其语法格式如下：

表达式.autofit()

参数说明：

表达式：一个 Range 对象，可使用 4.1 节讲解的方法创建。

应用场景　根据内容自动调整指定单元格区域的行高和列宽

◎ 代码文件：autofit属性.py
◎ 数据文件：出库表2.xlsx

本案例要使用 Range 对象的 autofit() 函数对工作簿"出库表 2.xlsx"中第 1 个工作表的单

元格区域 A2:E3 的行高和列宽进行自动调整。演示代码如下：

```
1  import xlwings as xw  # 导入xlwings模块并简写为xw
2  app = xw.App(visible=False, add_book=False)  # 启动Excel程序
3  workbook = app.books.open('F:\\python\\第4章\\出库表2.xlsx')  # 打
   开指定的工作簿
4  worksheet = workbook.sheets[0]  # 选取第1个工作表
5  worksheet.range('A2:E3').autofit()  # 根据内容自动调整单元格区域
   A2:E3的行高和列宽
6  workbook.save('F:\\python\\第4章\\出库表3.xlsx')  # 另存工作簿
7  workbook.close()  # 关闭工作簿
8  app.quit()  # 退出Excel程序
```

运行以上代码后，打开生成的工作簿"出库表 3.xlsx"，可看到自动调整指定单元格区域的行高和列宽后的表格效果，如右图所示。

	A	B	C	D	E
1		产品出库表			
2	配件编号	配件名称	出库数量	单位	单价
3	FB05211450	离合器	10	个	20
4	FB05211451	操纵杆	20	个	60
5	FB05211452	转速表	50	块	200
6	FB05211453	里程表	600	块	280
7	FB05211454	组合表	30	个	850

Sheet1 Sheet2 ⊕

4.5 单元格操作常调用的 api 属性

与 2.3 节和 3.3 节介绍的方法类似，通过 xlwings 模块中 Range 对象的 api 属性可以调用 Excel VBA 中 Range 对象的属性和函数。本节将介绍 VBA 中 Range 对象的一些常用属性和函数。

4.5.1 HorizontalAlignment 属性和 VerticalAlignment 属性 ——设置内容的对齐方式

在 Python 中，可使用 xlwings 模块中 Range 对象的 api 属性调用 VBA 中 Range 对象的

HorizontalAlignment 属性和 VerticalAlignment 属性设置单元格内容的对齐方式。其语法格式如下：

表达式.api.HorizontalAlignment / VerticalAlignment

参数说明：

表达式：一个 Range 对象，可使用 4.1 节讲解的方法创建。

HorizontalAlignment 属性用于设置水平对齐方式，可取的值如下表所示。

属性值	对齐方式	属性值	对齐方式	属性值	对齐方式
1	常规	-4152	靠右	7	跨列居中
-4131	靠左	5	填充	-4117	分散对齐
-4108	居中	-4130	两端对齐	—	—

VerticalAlignment 属性用于设置垂直对齐方式，可取的值如下表所示。

属性值	对齐方式	属性值	对齐方式	属性值	对齐方式
-4160	靠上	-4107	靠下	-4117	分散对齐
-4108	居中	-4130	两端对齐	—	—

应用场景　为指定单元格区域设置内容对齐方式

◎ 代码文件：HorizontalAlignment属性和VerticalAlignment属性.py

◎ 数据文件：员工档案表2.xlsx

　　右图所示为工作簿"员工档案表2.xlsx"的第 1 个工作表中的数据表。下面使用 HorizontalAlignment 属性和 VerticalAlignment 属性设置该表格中数据区域的内容对齐方式。演示代码如下：

	A	B	C	D	E
1	序号	姓名	性别	部门	入职时间
2	1	孔**	女	财务部	2015/1/5
3	2	李**	男	销售部	2019/4/5
4	3	钱**	女	销售部	2016/5/8
5	4	孙**	男	财务部	2010/5/6
6	5	冯**	男	行政部	2014/6/9
7	6	陈**	女	采购部	2016/5/9
8	7	程**	男	销售部	2017/10/6

Sheet1　⊕

就绪

```
1   import xlwings as xw  # 导入xlwings模块并简写为xw
2   app = xw.App(visible=False, add_book=False)  # 启动Excel程序
3   workbook = app.books.open('F:\\python\\第4章\\员工档案表2.xlsx')  # 打
    开指定的工作簿
4   worksheet = workbook.sheets[0]  # 选取第1个工作表
5   area = worksheet.range('A2').expand('table')  # 选取需要设置内容对齐
    方式的单元格区域
6   area.api.HorizontalAlignment = -4152   # 设置所选单元格区域的内容在单
    元格中水平靠右对齐
7   area.api.VerticalAlignment = -4108   # 设置所选单元格区域的内容在单元
    格中垂直居中对齐
8   workbook.save('F:\\python\\第4章\\员工档案表3.xlsx')  # 另存工作簿
9   workbook.close()  # 关闭工作簿
10  app.quit()  # 退出Excel程序
```

运行以上代码后，打开生成的工作簿"员工档案表 3.xlsx"，可看到为第 1 个工作表的数据区域设置内容对齐方式的效果，如右图所示。

	A	B	C	D	E
1	序号	姓名	性别	部门	入职时间
2	1	孔**	女	财务部	2015/1/5
3	2	李**	男	销售部	2019/4/5
4	3	钱**	女	销售部	2016/5/8
5	4	孙**	男	财务部	2010/5/6
6	5	冯**	男	行政部	2014/6/9
7	6	陈**	女	采购部	2016/5/9
8	7	程**	男	销售部	2017/10/6

Sheet1

4.5.2　Borders 对象——设置单元格边框

如果要为单元格或单元格区域添加边框，可以使用 xlwings 模块中 Range 对象的 api 属性调用 VBA 中的 Borders 对象。其语法格式如下：

表达式.api.Borders

参数说明：

表达式：一个 Range 对象，可使用 4.1 节讲解的方法创建。

Borders 对象代表单元格区域各条边框的集合，用特定的数字可以指定不同的边框，如下表所示。

参数值	说明	参数值	说明
5	区域中每个单元格从左上角至右下角的对角线	9	整个区域的底边框
6	区域中每个单元格从左下角至右上角的对角线	10	整个区域的右边框
7	整个区域的左边框	11	区域中所有单元格的垂直边框（不包括整个区域的左边框和右边框）
8	整个区域的顶边框	12	区域中所有单元格的水平边框（不包括整个区域的顶边框和底边框）

可以结合下面 3 幅图来理解上表中各个数字对应的是哪条边框。

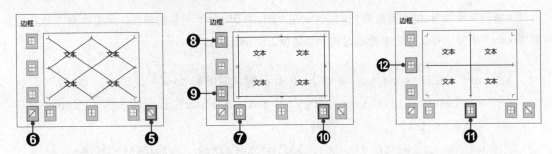

通过数字指定一条边框后，再分别通过 LineStyle、Weight、Color 属性设置该边框的线型、粗细、颜色。

LineStyle 属性可取的值如下表所示。

属性值	线型	示例	属性值	线型	示例
1	实线	——————	-4115	由短线组成的虚线	-----------
4	点划线	▪—▪—▪—	-4142	由点组成的虚线	··················
5	双点划线	▪▪—▪▪—▪▪—	-4119	双实线	═══════
13	斜点划线	▪—·—▪—·—	-4118	无线	（无）

Weight 属性可取的值如下表所示。

属性值	1	2	-4138	4
粗细	最细	细	中等	最粗

Color 属性的值为一个整数，可以用 xlwings 模块中 utils 子模块的 rgb_to_int() 函数将 RGB 值的元组转换为整数。

 应用场景 为指定单元格区域设置边框样式

 ◎ 代码文件：Borders对象.py
◎ 数据文件：员工档案表.xlsx

本案例要使用 Range 对象的 api 属性调用 VBA 中 Borders 对象的属性，为工作簿"员工档案表.xlsx"中第 1 个工作表的数据区域添加边框。演示代码如下：

```
1   import xlwings as xw  # 导入xlwings模块并简写为xw
2   from xlwings.utils import rgb_to_int  # 导入xlwings模块的子模块utils
    中的rgb_to_int()函数
3   app = xw.App(visible=False, add_book=False)  # 启动Excel程序
4   workbook = app.books.open('F:\\python\\第4章\\员工档案表.xlsx')  # 打
    开指定的工作簿
5   worksheet = workbook.sheets[0]  # 选取第1个工作表
6   area = worksheet.range('A1').expand('table')  # 选取含有数据的单元格
    区域
7   for i in range(7, 13):  # 从7～12的整数序列中依次取出一个整数
8       b = area.api.Borders(i)  # 根据取出的整数指定一条边框
9       if i < 11:  # 对于整数7、8、9、10对应的边框
10          b.LineStyle = 1  # 设置边框线型为实线
```

```
11          b.Weight = 4   # 设置边框粗细为"最粗"
12          b.Color = rgb_to_int((0, 0, 255))   # 设置边框颜色为蓝色
13      else:   # 对于整数11、12对应的边框
14          b.LineStyle = -4115   # 设置边框线型为由短线组成的虚线
15          b.Weight = 2   # 设置边框粗细为"细"
16          b.Color = rgb_to_int((255, 0, 255))   # 设置边框颜色为紫色
17  workbook.save('F:\\python\\第4章\\员工档案表1.xlsx')   # 另存工作簿
18  workbook.close()   # 关闭工作簿
19  app.quit()   # 退出Excel程序
```

运行以上代码后，打开生成的工作簿"员工档案表 1.xlsx"，按快捷键【Ctrl+P】进入打印预览状态，可看到为第 1 个工作表的数据区域设置边框样式的效果，如下图所示。具体效果请读者自行运行代码后查看。

序号	姓名	性别	部门	入职时间
1	孔**	女	财务部	2015/1/5
2	李**	男	销售部	2019/4/5
3	钱**	女	销售部	2016/5/8
4	孙**	男	财务部	2010/5/6
5	冯**	男	行政部	2014/6/9
6	陈**	女	采购部	2016/5/9
7	程**	男	销售部	2017/10/6
8	毕**	女	行政部	2018/9/15
9	王**	女	采购部	2013/5/26
10	赵**	男	采购部	2012/7/8

4.5.3　PrintOut() 函数——打印单元格内容

如果要打印指定单元格区域的内容，可以使用 xlwings 模块中 Range 对象的 api 属性调用 VBA 的 PrintOut() 函数。其语法格式如下：

表达式.api.PrintOut(Copies, ActivePrinter, Collate)

参数说明：

表达式：一个 Range 对象，可使用 4.1 节讲解的方法创建。

Copies：指定打印的份数。如果省略，则表示只打印一份。

ActivePrinter：指定打印机的名称。如果省略，则表示使用操作系统的默认打印机。

Collate：当该参数值为 True 时，表示逐份打印。

应用场景 打印指定单元格区域的数据

◎ 代码文件：PrintOut()函数.py
◎ 数据文件：汽车备案信息.xlsx

本案例要使用 Range 对象的 api 属性调用 VBA 的 PrintOut() 函数，打印工作簿 "汽车备案信息.xlsx" 的工作表 "商用车信息" 中单元格区域 A1:D5 的数据。演示代码如下：

```
1   import xlwings as xw  # 导入xlwings模块并简写为xw
2   app = xw.App(visible=False, add_book=False)  # 启动Excel程序
3   workbook = app.books.open('F:\\python\\第4章\\汽车备案信息.xlsx')  # 打
    开指定的工作簿
4   worksheet = workbook.sheets['商用车信息']  # 选取工作表 "商用车信息"
5   area = worksheet.range('A1:D5')  # 选取单元格区域A1:D5
6   area.api.PrintOut(Copies=2, ActivePrinter='DESKTOP-HP01', Collate
    =True)  # 打印所选的单元格区域
7   workbook.close()  # 关闭工作簿
8   app.quit()  # 退出Excel程序
```

运行以上代码，即可将指定单元格区域的数据打印两份。

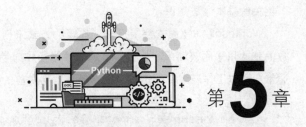

第 **5** 章

openpyxl 模块常用操作

　　尽管 xlwings 模块的功能已经比较全面，但有时借助其他 Python 第三方模块来完成一些 Excel 操作会更加灵活和方便。openpyxl 是一个无须借助 Excel 程序就能直接读写 Excel 工作簿（不支持“.xls”格式）的 Python 第三方模块。本章主要介绍如何使用 openpyxl 模块管理工作表，并对行、列、单元格进行编辑和格式设置。

与 xlwings 模块一样，openpyxl 模块也采用面向对象的编程思想。因此，要使用 openpyxl 模块操作工作簿和工作表，首先要创建相应的 Workbook 和 Worksheet 对象。下面简单介绍一下相关的基本语法知识。

Workbook 对象通常使用打开工作簿的方式来创建，对应的函数是 load_workbook()。该函数的基本用法比较简单，将工作簿的文件路径作为参数传入即可。得到一个 Workbook 对象后，通常会通过工作表名称指定一个工作表，得到对应的 Worksheet 对象。演示代码如下：

```
1  from openpyxl import load_workbook  # 导入openpyxl模块中的load_
   workbook()函数
2  workbook = load_workbook('F:\\python\\第5章\\汽车备案信息.xlsx')  # 打
   开指定工作簿
3  worksheet = workbook['汽车备案信息']  # 选取工作簿中的工作表"汽车备案
   信息"
```

得到所需的 Workbook 和 Worksheet 对象后，就可以利用它们的属性和函数完成相关操作了。

5.1 管理工作表

本节主要介绍如何使用 openpyxl 模块冻结工作表的窗格和保护工作表。

5.1.1 freeze_panes 属性——冻结工作表的窗格

在 Excel 中，为方便浏览大型表格，可以使用"冻结窗格"工具冻结标题行或标题列。在 openpyxl 模块中，可通过 Worksheet 对象的 freeze_panes 属性冻结窗格。其语法格式如下：

表达式.freeze_panes

参数说明：

表达式：一个 Worksheet 对象。

将一个单元格的地址字符串（如 'B2'）赋给 freeze_panes 属性，即可以该单元格为基准冻结窗格。

应用场景　冻结工作表的首行和首列

◎ 代码文件：freeze_panes属性.py
◎ 数据文件：汽车备案信息.xlsx

下图所示为工作簿"汽车备案信息.xlsx"的工作表"汽车备案信息"中的数据表，可以看到表格的行和列都比较多。

	A	B	C	D	E	F	G	H
1	序号	名称	车型	生产企业	类别	纯电里程	电池容量	电池企业
2	1	比亚迪唐	BYD6480STHEV	比亚迪汽车工业有限公司	插电式	80公里	18.5度	惠州比亚迪电池有限公司
3	2	比亚迪唐100	BYD6480STHEV3	比亚迪汽车工业有限公司	插电式	100公里	22.8度	惠州比亚迪电池有限公司
4	3	比亚迪秦	BYD7150WTHEV3	比亚迪汽车有限公司	插电式	70公里	13度	惠州比亚迪电池有限公司
5	4	比亚迪秦100	BYD7150WTSHEV5	比亚迪汽车有限公司	插电式	100公里	17.1度	惠州比亚迪电池有限公司
6	5	之诺60H	BBA6461AAHEV(ZINORO60)	华晨宝马汽车有限公司	插电式	60公里	14.7度	宁德时代新能源科技股份有限公司
7	6	荣威eRX5	CSA6454NDPHEV1	上海汽车集团股份有限公司	插电式	60公里	12度	上海捷新动力电池系统有限公司
8	7	荣威ei6	CSA7104SDPHEV1	上海汽车集团股份有限公司	插电式	53公里	9.1度	上海捷新动力电池系统有限公司
9	8	荣威e950	CSA7144CDPHEV1	上海汽车集团股份有限公司	插电式	60公里	12度	上海捷新动力电池系统有限公司

汽车备案信息　商用车信息　乘用车信息

为便于浏览表格，下面使用 Worksheet 对象的 freeze_panes 属性冻结该工作表的首行和首列。演示代码如下：

```
1  from openpyxl import load_workbook  # 导入openpyxl模块中的load_
   workbook()函数
2  workbook = load_workbook('F:\\python\\第5章\\汽车备案信息.xlsx')  # 打
   开指定工作簿
3  worksheet = workbook['汽车备案信息']  # 选取工作簿中的工作表"汽车备案
   信息"
4  worksheet.freeze_panes = 'B2'  # 冻结单元格B2上方的行及左侧的列
5  workbook.save('F:\\python\\第5章\\汽车备案信息1.xlsx')  # 另存冻结窗
   格后的工作簿
```

运行以上代码后，打开生成的工作簿"汽车备案信息 1.xlsx"，在工作表"汽车备案信息"中向下拖动窗口右侧的滚动条，然后向右拖动下方的滚动条，可以看到冻结表格首行和首列后的效果，如下页图所示。

	A	D	E	F	G	H	I
1	序号	生产企业	类别	纯电里程	电池容量	电池企业	
14	13	比亚迪汽车工业有限公司	纯电动	352公里	62度	惠州比亚迪电池有限公司	
15	14	比亚迪汽车工业有限公司	纯电动	352公里	62度	惠州比亚迪电池有限公司	
16	15	浙江吉利汽车有限公司	纯电动	253/300公里	41/45.3度	宁德时代新能源科技股份有限公司	
17	16	上汽通用汽车有限公司	插电式	116公里	18度	GM	
18	17	北京汽车股份有限公司	纯电动	150公里	25度	北京普莱德新能源电池科技有限公司	
19	18	北京新能源汽车股份有限公司	纯电动	150公里	25度	北京普莱德新能源电池科技有限公司	
20	19	北京汽车股份有限公司	纯电动	200/252公里	37.8/41.4度	北京普莱德新能源电池科技有限公司	

汽车备案信息   商用车信息   乘用车信息   ⊕

就绪   🔲   ⊞ 🔲 🔲   − ——————— + 100%

5.1.2　password 属性——保护工作表

3.3.1 节介绍了如何通过 xlwings 模块调用 VBA 的 Protect() 函数对工作表进行加密保护，在 openpyxl 模块中则可使用 password 属性保护工作表。其语法格式如下：

表达式.protection.password

参数说明：

表达式：一个 Worksheet 对象。

将密码以字符串的形式赋给 password 属性，即可为工作表设置保护密码。

 应用场景 　加密保护工作簿中指定的工作表

◎ 代码文件：password属性.py
◎ 数据文件：汽车备案信息.xlsx

本案例要对工作簿"汽车备案信息.xlsx"的工作表"汽车备案信息"进行加密保护。演示代码如下：

```
1  from openpyxl import load_workbook   # 导入openpyxl模块中的load_
   workbook()函数
2  workbook = load_workbook('F:\\python\\第5章\\汽车备案信息.xlsx')   # 打
   开指定的工作簿
```

```
3   worksheet = workbook['汽车备案信息']   # 选取工作表 "汽车备案信息"
4   worksheet.protection.password = '123456'   # 设置工作表的保护密码为
    "123456"
5   workbook.save('F:\\python\\第5章\\汽车备案信息1.xlsx')   # 另存工作簿
```

运行以上代码后，打开生成的工作簿 "汽车备案信息 1.xlsx"，在工作表 "汽车备案信息"
中进行任意编辑操作，如删除单元格 B1 的内容，会弹出如下图所示的对话框，说明该工作表处
于保护状态。

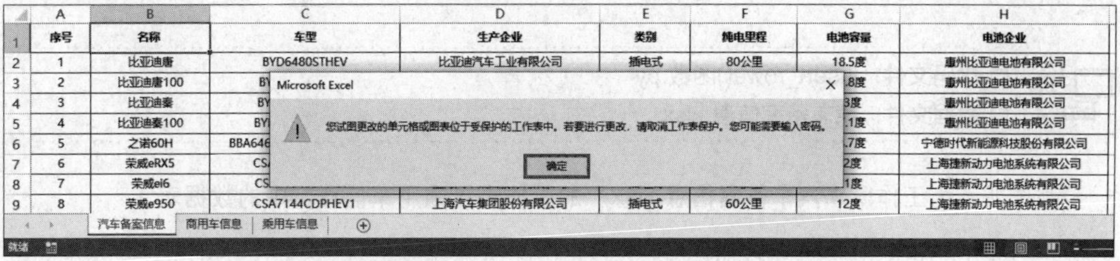

对于已经启用了加密保护的工作表，可以调用 disable() 函数取消加密保护。核心代码示例
如下：

```
1   worksheet.protection.disable()
```

5.2　管理行和列

本节将介绍如何使用 openpyxl 模块完成工作表中行和列的插入、删除、隐藏、组合等操作。

5.2.1　insert_rows() 函数和 insert_cols() 函数——插入空白行和空白列

insert_rows() 函数和 insert_cols() 函数分别用于在工作表的指定位置插入指定数量的空白
行和空白列。其语法格式如下：

表达式.insert_rows / insert_cols(idx, amount)

参数说明：

表达式：一个 Worksheet 对象。

idx：该参数是一个代表行号或列号的数字（从 1 开始计数），函数将在对应行的上方或对应列的左侧插入空白行或空白列。

amount：该参数用于指定要插入的空白行或空白列的数量。如果省略，则默认值为 1。

应用场景 1　在工作表的指定位置插入空白行

◎ 代码文件：insert_rows()函数.py
◎ 数据文件：汽车备案信息.xlsx

下图所示为工作簿"汽车备案信息.xlsx"的工作表"乘用车信息"中的数据表。

	A	B	C	D
1	序号	企业名称	车型名称	车型类型
2	1	上海汽车集团股份有限公司	CSA6456BEV1	乘用车
3	2	浙江吉利汽车有限公司	MR7152PHEV01	乘用车
4	3	比亚迪汽车有限公司	BYD6460STHEV5	乘用车
5	4	比亚迪汽车有限公司	BYD6460SBEV	乘用车
6	5	东风汽车公司	DFM7000H2ABEV1	乘用车
7	6	广州汽车集团乘用车有限公司	GAC7150CHEVA5A	乘用车
8	7	广州汽车集团乘用车有限公司	GAC7000BEVH0A	乘用车

　　汽车备案信息　　商用车信息　　乘用车信息　　⊕

下面使用 insert_rows() 函数在该工作表的第 4 行上方插入两行空白行。演示代码如下：

```
1   from openpyxl import load_workbook  # 导入openpyxl模块中的load_
    workbook()函数
2   workbook = load_workbook('F:\\python\\第5章\\汽车备案信息.xlsx') # 打
    开指定的工作簿
3   worksheet = workbook['乘用车信息']  # 选取工作表"乘用车信息"
4   worksheet.insert_rows(4, 2)  # 在工作表的第4行上方插入两行空白行
5   workbook.save('F:\\python\\第5章\\汽车备案信息1.xlsx')  # 另存工作簿
```

　　运行以上代码后，打开生成的工作簿"汽车备案信息 1.xlsx"，在工作表"乘用车信息"中可看到插入两行空白行后的表格效果，如下图所示。

	A	B	C	D
1	序号	企业名称	车型名称	车型类型
2	1	上海汽车集团股份有限公司	CSA6456BEV1	乘用车
3	2	浙江吉利汽车有限公司	MR7152PHEV01	乘用车
4				
5				
6	3	比亚迪汽车有限公司	BYD6460STHEV5	乘用车
7	4	比亚迪汽车有限公司	BYD6460SBEV	乘用车
8	5	东风汽车公司	DFM7000H2ABEV1	乘用车

汽车备案信息　商用车信息　乘用车信息　⊕

应用场景 2　在工作表的指定位置插入空白列

◎ 代码文件：insert_cols()函数.py
◎ 数据文件：汽车备案信息.xlsx

　　本案例要使用 insert_cols() 函数在工作表"乘用车信息"的 D 列左侧插入 1 列空白列。演示代码如下：

```
1  from openpyxl import load_workbook  # 导入openpyxl模块中的load_
   workbook()函数
2  workbook = load_workbook('F:\\python\\第5章\\汽车备案信息.xlsx')  # 打
   开指定的工作簿
3  worksheet = workbook['乘用车信息']  # 选取工作表"乘用车信息"
4  worksheet.insert_cols(4, 1)  # 在工作表的第4列（D列）左侧插入1列空
   白列
5  workbook.save('F:\\python\\第5章\\汽车备案信息1.xlsx')  # 另存工作簿
```

　　运行以上代码后，打开生成的工作簿"汽车备案信息 1.xlsx"，在工作表"乘用车信息"中可看到插入 1 列空白列后的表格效果，如下页图所示。

	A	B	C	D	E
1	序号	企业名称	车型名称		车型类型
2	1	上海汽车集团股份有限公司	CSA6456BEV1		乘用车
3	2	浙江吉利汽车有限公司	MR7152PHEV01		乘用车
4	3	比亚迪汽车有限公司	BYD6460STHEV5		乘用车
5	4	比亚迪汽车有限公司	BYD6460SBEV		乘用车
6	5	东风汽车公司	DFM7000H2ABEV1		乘用车
7	6	广州汽车集团乘用车有限公司	GAC7150CHEVA5A		乘用车

汽车备案信息　商用车信息　乘用车信息　⊕

5.2.2　delete_rows() 函数和 delete_cols() 函数
——删除行和列

delete_rows() 函数和 delete_cols() 函数分别用于在工作表中删除行或列。其语法格式如下：

表达式.delete_rows / delete_cols(idx, amount)

参数说明：

表达式：一个 Worksheet 对象。

idx：该参数是一个数字，代表删除操作的起始行号或列号（从 1 开始计数）。

amount：该参数用于指定要删除的行数或列数。如果省略，则默认值为 1。

 应用场景 1　在工作表中删除行

◎ 代码文件：delete_rows()函数.py
◎ 数据文件：汽车备案信息.xlsx

下图所示为工作簿"汽车备案信息.xlsx"的工作表"汽车备案信息"中的数据表。

	A	B	C	D	E	F	G
1	序号	名称	车型	生产企业	纯电里程	电池容量	电池企业
2	1	比亚迪唐	BYD6480STHEV	比亚迪汽车工业有限公司	80公里	18.5度	惠州比亚迪电池有限公司
3	2	比亚迪唐100	BYD6480STHEV3	比亚迪汽车工业有限公司	100公里	22.8度	惠州比亚迪电池有限公司
4	3	比亚迪秦	BYD7150WTHEV3	比亚迪汽车有限公司	70公里	13度	惠州比亚迪电池有限公司
5	4	比亚迪秦100	BYD7150WT5HEV5	比亚迪汽车有限公司	100公里	17.1度	惠州比亚迪电池有限公司
6	5	之诺60H	BBA6461AAHEV(ZINORO60)	华晨宝马汽车有限公司	60公里	14.7度	宁德时代新能源科技股份有限公司
7	6	荣威eRX5	CSA6454NDPHEV1	上海汽车集团股份有限公司	60公里	12度	上海捷新动力电池系统有限公司
8	7	荣威ei6	CSA7104SDPHEV1	上海汽车集团股份有限公司	53公里	9.1度	上海捷新动力电池系统有限公司
9	8	荣威e950	CSA7144CDPHEV1	上海汽车集团股份有限公司	60公里	12度	上海捷新动力电池系统有限公司

汽车备案信息　商用车信息　乘用车信息　⊕

下面使用 delete_rows() 函数从第 4 行开始删除两行数据。演示代码如下：

```
1  from openpyxl import load_workbook  # 导入openpyxl模块中的load_
   workbook()函数
2  workbook = load_workbook('F:\\python\\第5章\\汽车备案信息.xlsx')  # 打
   开指定的工作簿
3  worksheet = workbook['汽车备案信息']  # 选取工作表"汽车备案信息"
4  worksheet.delete_rows(4, 2)  # 从工作表的第4行开始删除两行
5  workbook.save('F:\\python\\第5章\\汽车备案信息1.xlsx')  # 另存工作簿
```

运行以上代码后，打开生成的工作簿"汽车备案信息 1.xlsx"，在工作表"汽车备案信息"中可看到从第 4 行开始删除两行后的表格效果，如下图所示。

	A	B	C	D	E	F	G	H
1	序号	名称	车型	生产企业	类别	纯电里程	电池容量	电池企业
2	1	比亚迪唐	BYD6480STHEV	比亚迪汽车工业有限公司	插电式	80公里	18.5度	惠州比亚迪电池有限公司
3	2	比亚迪秦100	BYD6480STHEV3	比亚迪汽车工业有限公司	插电式	100公里	22.8度	惠州比亚迪电池有限公司
4	5	之诺60H	BBA6461AAHEV(ZINORO60)	华晨宝马汽车有限公司	插电式	60公里	14.7度	宁德时代新能源科技股份有限公司
5	6	荣威eRX5	CSA6454NDPHEV1	上海汽车集团股份有限公司	插电式	60公里	12度	上海捷新动力电池系统有限公司
6	7	荣威ei6	CSA7104SDPHEV1	上海汽车集团股份有限公司	插电式	53公里	9.1度	上海捷新动力电池系统有限公司
7	8	荣威e950	CSA7144CDPHEV1	上海汽车集团股份有限公司	插电式	60公里	12度	上海捷新动力电池系统有限公司
8	9	荣威e550	CSA7154TDPHEV	上海汽车集团股份有限公司	插电式	60公里	11.8度	上海捷新动力电池系统有限公司
9	10	S60L	VCC7204C13PHEV	浙江豪情汽车制造有限公司	插电式	53公里	8度	威睿电动汽车技术(苏州)有限公司

汽车备案信息　商用车信息　乘用车信息

应用场景 2　在工作表中删除列

◎ 代码文件：delete_cols()函数.py
◎ 数据文件：汽车备案信息.xlsx

本案例要使用 delete_cols() 函数删除工作表"汽车备案信息"中的 E 列。演示代码如下：

```
1  from openpyxl import load_workbook  # 导入openpyxl模块中的load_
   workbook()函数
2  workbook = load_workbook('F:\\python\\第5章\\汽车备案信息.xlsx')  # 打
   开指定的工作簿
```

```
3   worksheet = workbook['汽车备案信息']   # 选取工作表"汽车备案信息"
4   worksheet.delete_cols(5, 1)   # 删除工作表的E列（第5列）
5   workbook.save('F:\\python\\第5章\\汽车备案信息1.xlsx')   # 另存工作簿
```

运行以上代码后，打开生成的工作簿"汽车备案信息 1.xlsx"，在工作表"汽车备案信息"中可看到删除 E 列后的表格效果，如下图所示。

	A	B	C	D	E	F	G
1	序号	名称	车型	生产企业	纯电里程	电池容量	电池企业
2	1	比亚迪唐	BYD6480STHEV	比亚迪汽车工业有限公司	80公里	18.5度	惠州比亚迪电池有限公司
3	2	比亚迪唐100	BYD6480STHEV3	比亚迪汽车工业有限公司	100公里	22.8度	惠州比亚迪电池有限公司
4	3	比亚迪秦	BYD7150WTHEV3	比亚迪汽车有限公司	70公里	13度	惠州比亚迪电池有限公司
5	4	比亚迪秦100	BYD7150WT5HEV5	比亚迪汽车有限公司	100公里	17.1度	惠州比亚迪电池有限公司
6	5	之诺60H	BBA6461AAHEV(ZINORO60)	华晨宝马汽车有限公司	60公里	14.7度	宁德时代新能源科技股份有限公司
7	6	荣威eRX5	CSA6454NDPHEV1	上海汽车集团股份有限公司	60公里	12度	上海捷新动力电池系统有限公司
8	7	荣威ei6	CSA7104SDPHEV1	上海汽车集团股份有限公司	53公里	9.1度	上海捷新动力电池系统有限公司
9	8	荣威e950	CSA7144CDPHEV1	上海汽车集团股份有限公司	60公里	12度	上海捷新动力电池系统有限公司

汽车备案信息　商用车信息　乘用车信息　＋

5.2.3　hidden 属性——隐藏行和列

在 openpyxl 模块中，可以先通过 row_dimensions 属性或 column_dimensions 属性指定行或列，再通过 hidden 属性将指定的行或列隐藏。其语法格式如下：

表达式.row_dimensions[行号] / column_dimensions['列标'].hidden

参数说明：

表达式：一个 Worksheet 对象。

行号：一个整数，从 1 开始计数。

列标：A、B、C 等字母。

下面结合案例讲解代码的编写方法。

应用场景 1　隐藏指定的单行

◎ 代码文件：hidden属性1.py

◎ 数据文件：汽车备案信息.xlsx

本案例要在工作簿"汽车备案信息.xlsx"的工作表"汽车备案信息"中隐藏第 5 行。演示代码如下：

```
from openpyxl import load_workbook  # 导入openpyxl模块中的load_workbook()函数
workbook = load_workbook('F:\\python\\第5章\\汽车备案信息.xlsx')  # 打开指定的工作簿
worksheet = workbook['汽车备案信息']  # 选取工作表"汽车备案信息"
worksheet.row_dimensions[5].hidden = True  # 隐藏工作表的第5行
workbook.save('F:\\python\\第5章\\汽车备案信息1.xlsx')  # 另存工作簿
```

第 4 行代码先通过 row_dimensions 属性选取工作表的第 5 行，再通过将 hidden 属性赋值为 True，隐藏所选的行。

运行以上代码后，打开生成的工作簿"汽车备案信息 1.xlsx"，可在工作表"汽车备案信息"中看到隐藏第 5 行后的表格效果，如下图所示。

	A	B	C	D	E	F	G
1	序号	名称	车型	生产企业	类别	纯电里程	电池容量
2	1	比亚迪唐	BYD6480STHEV	比亚迪汽车工业有限公司	插电式	80公里	18.5度
3	2	比亚迪唐100	BYD6480STHEV3	比亚迪汽车工业有限公司	插电式	100公里	22.8度
4	3	比亚迪秦	BYD7150WTHEV3	比亚迪汽车有限公司	插电式	70公里	13度
6	5	之诺60H	BBA6461AAHEV(ZINORO60)	华晨宝马汽车有限公司	插电式	60公里	14.7度
7	6	荣威eRX5	CSA6454NDPHEV1	上海汽车集团股份有限公司	插电式	60公里	12度
8	7	荣威ei6	CSA7104SDPHEV1	上海汽车集团股份有限公司	插电式	53公里	9.1度
9	8	荣威e950	CSA7144CDPHEV1	上海汽车集团股份有限公司	插电式	60公里	12度
10	9	荣威e550	CSA7154TDPHEV	上海汽车集团股份有限公司	插电式	60公里	11.8度

汽车备案信息　商用车信息　乘用车信息　＋

应用场景 2　隐藏指定的多行

◎ 代码文件：hidden属性2.py
◎ 数据文件：汽车备案信息.xlsx

本案例要在工作簿"汽车备案信息.xlsx"的工作表"汽车备案信息"中隐藏多行，如第 3、5、7 行。演示代码如下：

```python
1   from openpyxl import load_workbook  # 导入openpyxl模块中的load_
    workbook()函数
2   workbook = load_workbook('F:\\python\\第5章\\汽车备案信息.xlsx')  # 打
    开指定的工作簿
3   worksheet = workbook['汽车备案信息']  # 选取工作表"汽车备案信息"
4   rows = [3, 5, 7]  # 指定要隐藏的行的行号
5   for i in rows:  # 遍历行号
6       worksheet.row_dimensions[i].hidden = True  # 根据行号隐藏行
7   workbook.save('F:\\python\\第5章\\汽车备案信息1.xlsx')  # 另存工作簿
```

第4行代码用列表的形式指定行号。如果要指定连续的行号或等差数列式的行号，可以使用 range() 函数，例如，"rows = range(1, 6)" 表示指定第 1～5 行，"rows = range(2, 7, 2)" 表示指定第 2、4、6 行。

运行以上代码后，打开生成的工作簿 "汽车备案信息 1.xlsx"，可在工作表 "汽车备案信息" 中看到隐藏第 3、5、7 行后的表格效果，如下图所示。

	A	B	C	D	E	F	G
1	序号	名称	车型	生产企业	类别	纯电里程	电池容量
2	1	比亚迪唐	BYD6480STHEV	比亚迪汽车工业有限公司	插电式	80公里	18.5度
4	3	比亚迪秦	BYD7150WTHEV3	比亚迪汽车有限公司	插电式	70公里	13度
6	5	之诺60H	BBA6461AAHEV(ZINORO60)	华晨宝马汽车有限公司	插电式	60公里	14.7度
8	7	荣威ei6	CSA7104SDPHEV1	上海汽车集团股份有限公司	插电式	53公里	9.1度
9	8	荣威e950	CSA7144CDPHEV1	上海汽车集团股份有限公司	插电式	60公里	12度
10	9	荣威e550	CSA7154TDPHEV	上海汽车集团股份有限公司	插电式	60公里	11.8度

汽车备案信息　商用车信息　乘用车信息

应用场景 3　隐藏指定的单列

◎ 代码文件：hidden属性3.py
◎ 数据文件：汽车备案信息.xlsx

本案例要在工作簿 "汽车备案信息.xlsx" 的工作表 "汽车备案信息" 中隐藏 C 列。演示代码如下：

```
1  from openpyxl import load_workbook   # 导入openpyxl模块中的load_
   workbook()函数
2  workbook = load_workbook('F:\\python\\第5章\\汽车备案信息.xlsx')  # 打
   开指定的工作簿
3  worksheet = workbook['汽车备案信息']   # 选取工作表 "汽车备案信息"
4  worksheet.column_dimensions['C'].hidden = True   # 隐藏工作表的C列
5  workbook.save('F:\\python\\第5章\\汽车备案信息1.xlsx')   # 另存工作簿
```

第 4 行代码先通过 column_dimensions 属性选取工作表的 C 列，再通过将 hidden 属性赋值为 True，隐藏所选的列。

运行以上代码后，打开生成的工作簿 "汽车备案信息 1.xlsx"，可在工作表 "汽车备案信息"中看到隐藏 C 列后的表格效果，如下图所示。

	A	B	D	E	F	G	H
1	序号	名称	生产企业	类别	纯电里程	电池容量	电池企业
2	1	比亚迪唐	比亚迪汽车工业有限公司	插电式	80公里	18.5度	惠州比亚迪电池有限公司
3	2	比亚迪唐100	比亚迪汽车工业有限公司	插电式	100公里	22.8度	惠州比亚迪电池有限公司
4	3	比亚迪秦	比亚迪汽车有限公司	插电式	70公里	13度	惠州比亚迪电池有限公司
5	4	比亚迪秦100	比亚迪汽车有限公司	插电式	100公里	17.1度	惠州比亚迪电池有限公司
6	5	之诺60H	华晨宝马汽车有限公司	插电式	60公里	14.7度	宁德时代新能源科技股份有限公司
7	6	荣威eRX5	上海汽车集团股份有限公司	插电式	60公里	12度	上海捷新动力电池系统有限公司
8	7	荣威ei6	上海汽车集团股份有限公司	插电式	53公里	9.1度	上海捷新动力电池系统有限公司
9	8	荣威e950	上海汽车集团股份有限公司	插电式	60公里	12度	上海捷新动力电池系统有限公司

汽车备案信息　　商用车信息　　乘用车信息　⊕

应用场景 4　隐藏指定的多列

◎ 代码文件：hidden属性4.py
◎ 数据文件：汽车备案信息.xlsx

本案例要在工作簿 "汽车备案信息.xlsx" 的工作表 "汽车备案信息" 中隐藏多列，如 C、G、H 列。演示代码如下：

```
1  from openpyxl import load_workbook   # 导入openpyxl模块中的load_
```

```
workbook()函数
2  workbook = load_workbook('F:\\python\\第5章\\汽车备案信息.xlsx')  # 打
   开指定的工作簿
3  worksheet = workbook['汽车备案信息']  # 选取工作表"汽车备案信息"
4  cols = ['C', 'G', 'H']  # 指定要隐藏的列的列标
5  for i in cols:  # 遍历列标
6      worksheet.column_dimensions[i].hidden = True  # 根据列标隐藏列
7  workbook.save('F:\\python\\第5章\\汽车备案信息1.xlsx')  # 另存工作簿
```

运行以上代码后，打开生成的工作簿"汽车备案信息 1.xlsx"，可在工作表"汽车备案信息"中看到隐藏 C、G、H 列后的表格效果，如下图所示。

	A	B	D	E	F	I
1	序号	名称	生产企业	类别	纯电里程	
2	1	比亚迪唐	比亚迪汽车工业有限公司	插电式	80公里	
3	2	比亚迪唐100	比亚迪汽车工业有限公司	插电式	100公里	
4	3	比亚迪秦	比亚迪汽车有限公司	插电式	70公里	
5	4	比亚迪秦100	比亚迪汽车有限公司	插电式	100公里	
6	5	之诺60H	华晨宝马汽车有限公司	插电式	60公里	
7	6	荣威eRX5	上海汽车集团股份有限公司	插电式	60公里	
8	7	荣威ei6	上海汽车集团有限公司	插电式	53公里	
9	8	荣威e950	上海汽车集团股份有限公司	插电式	60公里	

汽车备案信息　商用车信息　乘用车信息

上述代码是用列表的形式指定列标。如果要指定连续的列标或等差数列式的列标，可结合使用 range() 函数和 chr() 函数。chr() 函数的作用是把 ASCII 码转换为对应的字母，字母 A～Z 对应的 ASCII 码为 65～90。例如，要隐藏 C～E 列，可将第 4～6 行代码修改为如下代码：

```
1  cols = range(67, 70)
2  for i in cols:
3      worksheet.column_dimensions[chr(i)].hidden = True
```

5.2.4 group() 函数——组合行和列

group() 函数用于将工作表中相邻的多行或多列创建为组合。其语法格式如下：

表达式.row_dimensions / column_dimensions.group(start, end, outline_level, hidden)

参数说明：

表达式：一个 Worksheet 对象。

start：要创建为组合的起始行号或列标。

end：要创建为组合的结束行号或列标。

outline_level：要设置的分组级别，一般省略该参数。

hidden：用于设置创建组合后是否折叠分组。设置为 True 表示折叠分组，设置为 False 或省略该参数表示不折叠分组。

应用场景 1　将工作表中指定的多行数据分为一组

◎ 代码文件：group()函数1.py
◎ 数据文件：汽车备案信息.xlsx

本案例要在工作簿"汽车备案信息.xlsx"的工作表"汽车备案信息"中将第 2～10 行分为一组。演示代码如下：

```
1  from openpyxl import load_workbook  # 导入openpyxl模块中的load_
   workbook()函数
2  workbook = load_workbook('F:\\python\\第5章\\汽车备案信息.xlsx')  # 打
   开指定的工作簿
3  worksheet = workbook['汽车备案信息']  # 选取工作表"汽车备案信息"
4  worksheet.row_dimensions.group(2, 10, hidden=True)  # 将工作表的第
   2～10行分为一组
5  workbook.save('F:\\python\\第5章\\汽车备案信息1.xlsx')  # 另存工作簿
```

运行以上代码后，打开生成的工作簿"汽车备案信息 1.xlsx"，可在工作表"汽车备案信息"中看到将多行分为一组并进行折叠后的表格效果，如下页图所示。

1 2	A	B	C	D	E	F	G
1	序号	名称	车型	生产企业	类别	纯电里程	电池容量
11	10	S60L	VCC7204C13PHEV	浙江豪情汽车制造有限公司	插电式	53公里	8度
12	11	CT6	SGM7200KACHEV	上汽通用汽车有限公司	插电式	80公里	18.4度
13	12	比亚迪秦	BYD7150WTHEV3*	比亚迪汽车有限公司	插电式	70公里	13度
14	13	腾势	QCJ7007BEV1	比亚迪汽车工业有限公司	纯电动	352公里	62度
15	14	腾势	QCJ7007BEV2	比亚迪汽车工业有限公司	纯电动	352公里	62度
16	15	帝豪EV300	MR7002BEV03	浙江吉利汽车有限公司	纯电动	253/300公里	41/45.3度
17	16	Velite 5	SGM7158DACHEV	上汽通用汽车有限公司	插电式	116公里	18度
18	17	EV160	BJ7000B3D5-BEV	北京汽车股份有限公司	纯电动	150公里	25度

汽车备案信息　商用车信息　乘用车信息 ＋

应用场景 2　将工作表中指定的多列数据分为一组

◎ 代码文件：group()函数2.py
◎ 数据文件：汽车备案信息.xlsx

本案例要在工作簿"汽车备案信息.xlsx"的工作表"汽车备案信息"中将 B～D 列分为一组。演示代码如下：

```
1  from openpyxl import load_workbook  # 导入openpyxl模块中的load_
   workbook()函数
2  workbook = load_workbook('F:\\python\\第5章\\汽车备案信息.xlsx')  # 打
   开指定的工作簿
3  worksheet = workbook['汽车备案信息']  # 选取工作表"汽车备案信息"
4  worksheet.column_dimensions.group('B', 'D', hidden=True)  # 将工作
   表的B～D列分为一组
5  workbook.save('F:\\python\\第5章\\汽车备案信息1.xlsx')  # 另存工作簿
```

运行以上代码后，打开生成的工作簿"汽车备案信息 1.xlsx"，可在工作表"汽车备案信息"中看到将多列分为一组并进行折叠后的表格效果，如右图所示。

1 2	A	＋	E	F
1	序号		类别	纯电里程
2	1		插电式	80公里
3	2		插电式	100公里
4	3		插电式	70公里
5	4		插电式	100公里
6	5		插电式	60公里

汽车备案信息　商用车信息

5.3　管理单元格

本节将介绍如何使用 openpyxl 模块完成工作表中单元格的相关操作，如合并和拆分单元格、设置单元格的字体格式和对齐方式等。

5.3.1　merge_cells() 函数和 unmerge_cells() 函数——合并和拆分单元格

4.3.4 节介绍了如何使用 xlwings 模块中 Range 对象的 merge() 函数和 unmerge() 函数合并和拆分单元格。在 openpyxl 模块中，使用 merge_cells() 函数和 unmerge_cells() 函数可以达到相同的目的。其语法格式如下：

表达式.merge_cells / unmerge_cells(range_string, start_row, start_column, end_row, end_column)

参数说明：

表达式：一个 Worksheet 对象。

range_string：要合并或拆分的单元格区域的地址字符串。

start_row：要合并或拆分的起始单元格的行号。

start_column：要合并或拆分的起始单元格的列号。

end_row：要合并或拆分的结束单元格的行号。

end_column：要合并或拆分的结束单元格的列号。

在编写代码时，要么通过 range_string 以字符串的形式指定单元格区域，要么通过 start_row、start_column、end_row、end_column 以数字序号的形式指定单元格区域，不可混用。

应用场景 1　合并工作表中指定的单元格区域

◎ 代码文件：merge_cells()函数1.py
◎ 数据文件：出库表1.xlsx

下图所示为工作簿“出库表 1.xlsx”的工作表“Sheet1”中的数据表。可以看到需要合并单元格区域 A1:E1，从而制作出更美观的表格标题。

	A	B	C	D	E
1	产品出库表				
2	配件编号	配件名称	出库数量	单位	单价
3	FB05211450	离合器	10	个	20
4	FB05211451	操纵杆	20	个	60
5	FB05211452	转速表	50	块	200
6	FB05211453	里程表	600	块	280
7	FB05211454	组合表	30	个	850
8	FB05211455	缓速器	70	个	30

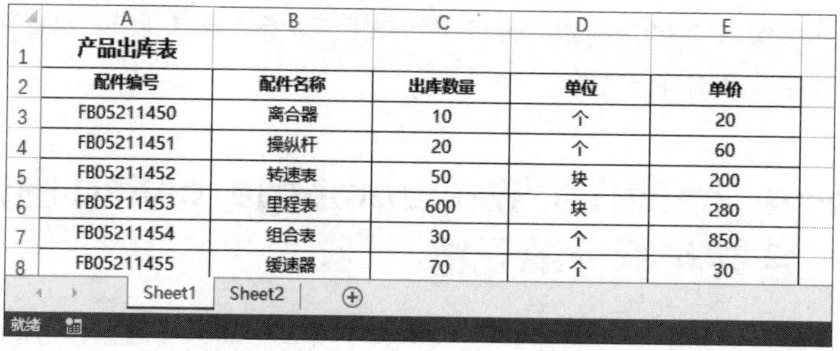

下面使用 merge_cells() 函数，通过设置 range_string 参数，合并单元格区域 A1:E1。演示代码如下：

```
from openpyxl import load_workbook  # 导入openpyxl模块中的load_workbook()函数
workbook = load_workbook('F:\\python\\第5章\\出库表1.xlsx')  # 打开指定的工作簿
worksheet = workbook['Sheet1']  # 选取工作表“Sheet1”
worksheet.merge_cells(range_string='A1:E1')  # 合并单元格区域A1:E1
workbook.save('F:\\python\\第5章\\合并表.xlsx')  # 另存工作簿
```

运行以上代码后，打开生成的工作簿“合并表.xlsx”，可在工作表“Sheet1”中看到单元格区域 A1:E1 被合并为一个单元格，如下图所示。

	A	B	C	D	E
1	产品出库表				
2	配件编号	配件名称	出库数量	单位	单价
3	FB05211450	离合器	10	个	20
4	FB05211451	操纵杆	20	个	60
5	FB05211452	转速表	50	块	200
6	FB05211453	里程表	600	块	280
7	FB05211454	组合表	30	个	850
8	FB05211455	缓速器	70	个	30

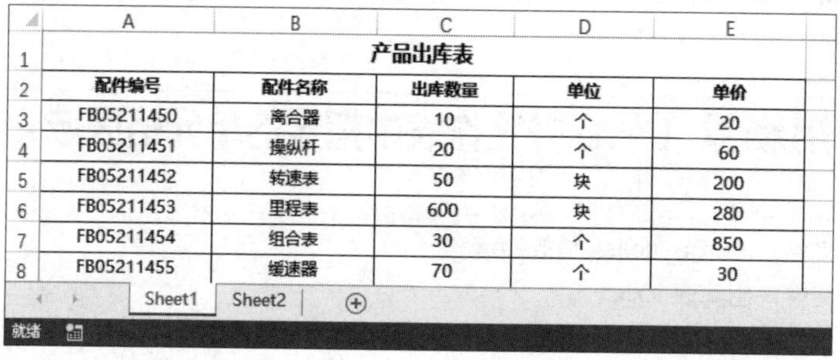

应用场景 2　合并工作表中指定的单元格区域

◎ 代码文件：merge_cells()函数2.py
◎ 数据文件：出库表1.xlsx

本案例要换一种方式使用 merge_cells() 函数，通过设置 start_row、start_column、end_row、end_column 参数，合并单元格区域 A1:E1。演示代码如下：

```
1   from openpyxl import load_workbook   # 导入openpyxl模块中的load_
    workbook()函数
2   workbook = load_workbook('F:\\python\\第5章\\出库表1.xlsx')   # 打开
    指定的工作簿
3   worksheet = workbook['Sheet1']   # 选取工作表"Sheet1"
4   worksheet.merge_cells(start_row=1, start_column=1, end_row=1, end_
    column=5)   # 合并单元格区域A1:E1
5   workbook.save('F:\\python\\第5章\\合并表.xlsx')   # 另存工作簿
```

运行以上代码，可得到与上一个案例相同的结果。

应用场景 3　拆分工作表中指定的单元格区域

◎ 代码文件：unmerge_cells()函数1.py
◎ 数据文件：合并表.xlsx

本案例要使用 unmerge_cells() 函数，通过设置 range_string 参数，将上一个案例中合并好的单元格区域 A1:E1 拆分成单独的单元格。演示代码如下：

```
1   from openpyxl import load_workbook   # 导入openpyxl模块中的load_
```

```
    workbook()函数
2   workbook = load_workbook('F:\\python\\第5章\\合并表.xlsx')  # 打开指
    定的工作簿
3   worksheet = workbook['Sheet1']  # 选取工作表 "Sheet1"
4   worksheet.unmerge_cells(range_string='A1:E1')  # 拆分单元格区域A1:E1
5   workbook.save('F:\\python\\第5章\\合并表1.xlsx')  # 另存工作簿
```

运行以上代码，即可将单元格区域 A1:E1 拆分为单独的单元格。

应用场景 4 　拆分工作表中指定的单元格区域

◎ 代码文件：unmerge_cells()函数2.py
◎ 数据文件：合并表.xlsx

本案例要换一种方式使用 unmerge_cells() 函数，通过设置 start_row、start_column、end_row、end_column 参数，拆分单元格区域 A1:E1。演示代码如下：

```
1   from openpyxl import load_workbook  # 导入openpyxl模块中的load_
    workbook()函数
2   workbook = load_workbook('F:\\python\\第5章\\合并表.xlsx')  # 打开指
    定的工作簿
3   worksheet = workbook['Sheet1']  # 选取工作表 "Sheet1"
4   worksheet.unmerge_cells(start_row=1, start_column=1, end_row=1,
    end_column=5)  # 拆分单元格区域A1:E1
5   workbook.save('F:\\python\\第5章\\合并表1.xlsx')  # 另存工作簿
```

运行以上代码，即可将单元格区域 A1:E1 拆分为单独的单元格。

5.3.2　font 属性——获取字体格式

openpyxl 模块中 Cell 对象的 font 属性用于获取指定单元格的字体格式，如字体、字号、字形、字体颜色等。其语法格式如下：

表达式.font

参数说明：

表达式：一个 Cell 对象，代表一个单元格。

font 属性的返回值集成了很多属性，其中 name 属性对应字体名称，size 属性对应字号，bold 属性对应字形中的加粗效果，italic 属性对应字形中的斜体效果，color.rgb 属性对应字体颜色。

应用场景　获取工作表指定单元格的字体格式

◎ 代码文件：font属性.py
◎ 数据文件：出库表.xlsx

下图所示为工作簿"出库表.xlsx"的工作表"Sheet1"中的数据表。

▲	A	B	C	D	E
1	产品出库表				
2	配件编号	配件名称	出库数量	单位	单价
3	FB05211450	离合器	10	个	20
4	FB05211451	操纵杆	20	个	60
5	FB05211452	转速表	50	块	200
6	FB05211453	里程表	600	块	280
7	FB05211454	组合表	30	个	850
8	FB05211455	缓速器	70	个	30

Sheet1　Sheet2　⊕

下面通过 font 属性获取单元格 A1 的字体格式信息。演示代码如下：

```
1  from openpyxl import load_workbook   # 导入openpyxl模块中的load_
   workbook()函数
2  workbook = load_workbook('F:\\python\\第5章\\出库表.xlsx')   # 打开指
   定的工作簿
```

```
3    worksheet = workbook['Sheet1']  # 选取工作表 "Sheet1"
4    cell = worksheet['A1']  # 选取单元格A1
5    a = cell.font.name  # 获取单元格A1的字体设置
6    b = cell.font.size  # 获取单元格A1的字号设置
7    c = cell.font.bold  # 获取单元格A1的字形加粗设置
8    d = cell.font.italic  # 获取单元格A1的字形斜体设置
9    e = cell.font.color.rgb  # 获取单元格A1的字体颜色设置
10   print(a, b, c, d, e)  # 输出获取的格式信息
```

代码运行结果如下：

```
1    微软雅黑 12.0 True False FFFF0000
```

从运行结果可以看出，单元格 A1 的字体为微软雅黑，字号为 12 磅（pt），字形为加粗（True 代表加粗，False 代表不加粗）、正体（True 代表斜体，False 代表正体），字体颜色为红色（FF0000）。需要说明的是，获取的字体颜色信息是十六进制的 aRGB 颜色，其中前两位代表颜色的透明度，但对于单元格的字体格式来说没有意义，可以忽略。

5.3.3　Font 对象——设置字体格式

openpyxl 模块中的 Font 对象用于创建一组字体格式设置。其语法格式如下：

openpyxl.styles.Font(name, size, bold, italic, color)

参数说明：

name：指定字体名称。

size：指定字号。

bold：指定字形是否加粗。设置为 True 代表加粗，设置为 False 代表不加粗。

italic：指定字形是否斜体。设置为 True 代表斜体，设置为 False 代表正体。

color：指定字体颜色（十六进制的 RGB 颜色代码）。

将创建的字体格式设置赋给 Cell 对象的 font 属性，即可对指定单元格应用字体格式。

应用场景 1 设置单元格的字体格式

◎ 代码文件：Font对象1.py
◎ 数据文件：出库表2.xlsx

下图所示为工作簿"出库表 2.xlsx"的工作表"Sheet1"中的数据表，现在要为合并的单元格区域 A1:E1 设置字体格式。

	A	B	C	D	E
1			产品出库表		
2	配件编号	配件名称	出库数量	单位	单价
3	FB05211450	离合器	10	个	20
4	FB05211451	操纵杆	20	个	60
5	FB05211452	转速表	50	块	200
6	FB05211453	里程表	600	块	280
7	FB05211454	组合表	30	个	850
8	FB05211455	缓速器	70	个	30

Sheet1 Sheet2 ⊕

就绪

合并单元格区域的格式是由其左上角单元格的格式决定的，因此，这里只需设置单元格 A1 的字体格式。演示代码如下：

```
1   from openpyxl import load_workbook   # 导入openpyxl模块中的load_
    workbook()函数
2   from openpyxl.styles import Font   # 从openpyxl模块的styles子模块中导
    入Font对象
3   workbook = load_workbook('F:\\python\\第5章\\出库表2.xlsx')   # 打开
    指定的工作簿
4   worksheet = workbook['Sheet1']   # 选取工作表"Sheet1"
5   cell = worksheet['A1']   # 选取单元格A1
6   cell.font = Font(name='微软雅黑', size=15, bold=True, italic=True,
    color='FF0000')   # 设置单元格A1的字体格式
7   workbook.save('F:\\python\\第5章\\出库表3.xlsx')   # 另存工作簿
```

运行以上代码后，打开生成的工作簿"出库表 3.xlsx"，可在工作表"Sheet1"中看到为合并的单元格区域 A1:E1 设置字体格式的效果，如下图所示。具体效果请读者自行运行代码后查看。

	A	B	C	D	E
1			产品出库表		
2	配件编号	配件名称	出库数量	单位	单价
3	FB05211450	离合器	10	个	20
4	FB05211451	操纵杆	20	个	60
5	FB05211452	转速表	50	块	200
6	FB05211453	里程表	600	块	280
7	FB05211454	组合表	30	个	850
8	FB05211455	缓速器	70	个	30

Sheet1　Sheet2　＋

应用场景 2　设置单元格区域的字体格式

◎ 代码文件：Font对象2.py
◎ 数据文件：出库表2.xlsx

假设要为工作簿"出库表 2.xlsx"中工作表"Sheet1"的不同单元格区域分别设置不同的字体格式，可以使用 for 语句遍历单元格区域中的每一个单元格，再结合使用 Font 对象和 font 属性为每一个单元格设置字体格式。演示代码如下：

```
1  from openpyxl import load_workbook  # 导入openpyxl模块中的load_
   workbook()函数
2  from openpyxl.styles import Font  # 从openpyxl模块的styles子模块中导
   入Font对象
3  workbook = load_workbook('F:\\python\\第5章\\出库表2.xlsx')  # 打开
   指定的工作簿
4  worksheet = workbook['Sheet1']  # 选取工作表"Sheet1"
5  area1 = worksheet['A2:E2']  # 选取第1个单元格区域，即表头
6  font1 = Font(name='微软雅黑', size=12, bold=True, italic=False,
   color='000000')  # 创建第1组字体格式
```

```
7    area2 = worksheet['A3:A16']   # 选取第2个单元格区域，即第1列数据
8    font2 = Font(name='华文中宋', size=10, bold=True, italic=True,
     color='FF0000')   # 创建第2组字体格式
9    area3 = worksheet['B3:E16']   # 选取第3个单元格区域，即其余列数据
10   font3 = Font(name='华文楷体', size=10, bold=False, italic=False,
     color='000000')   # 创建第3组字体格式
11   for i in area1:   # 按行遍历第1个单元格区域
12       for j in i:   # 遍历一行中每一列的单元格
13           j.font = font1   # 对单元格应用第1组字体格式
14   for i in area2:   # 按行遍历第2个单元格区域
15       for j in i:   # 遍历一行中每一列的单元格
16           j.font = font2   # 对单元格应用第2组字体格式
17   for i in area3:   # 按行遍历第3个单元格区域
18       for j in i:   # 遍历一行中每一列的单元格
19           j.font = font3   # 对单元格应用第3组字体格式
20   workbook.save('F:\\python\\第5章\\出库表3.xlsx')   # 另存工作簿
```

运行以上代码后，打开生成的工作簿"出库表 3.xlsx"，可在工作表"Sheet1"中看到为不同单元格区域设置字体格式后的效果，如下图所示。具体效果请读者自行运行代码后查看。

	A	B	C	D	E
1			产品出库表		
2	配件编号	配件名称	出库数量	单位	单价
3	FB05211450	离合器	10	个	20
4	FB05211451	操纵杆	20	个	60
5	FB05211452	转速表	50	块	200
6	FB05211453	里程表	600	块	280
7	FB05211454	组合表	30	个	850
8	FB05211455	纵速器	70	个	30

Sheet1　Sheet2　⊕

5.3.4　Alignment 对象——设置内容对齐方式

openpyxl 模块中的 Alignment 对象用于创建一组对齐方式设置。其语法格式如下：

openpyxl.styles.Alignment(horizontal, vertical)

参数说明：

horizontal：指定单元格内容的水平对齐方式，可取的值如下表所示。

参数值	对齐方式	参数值	对齐方式	参数值	对齐方式
'general'	常规	'right'	靠右	'centerContinuous'	跨列居中
'left'	靠左	'fill'	填充	'distributed'	分散对齐
'center'	居中	'justify'	两端对齐	—	—

vertical：指定单元格内容的垂直对齐方式，可取的值如下表所示。

参数值	对齐方式	参数值	对齐方式	参数值	对齐方式
'top'	靠上	'bottom'	靠下	'distributed'	分散对齐
'center'	居中	'justify'	两端对齐	—	—

将创建的对齐方式设置赋给 Cell 对象的 alignment 属性，即可对单元格应用内容对齐方式。

应用场景 1　设置单个单元格的内容对齐方式

◎ 代码文件：Alignment对象1.py
◎ 数据文件：出库表.xlsx

下图所示为工作簿"出库表.xlsx"的工作表"Sheet1"中的数据表。

	A	B	C	D	E
1			产品出库表		
2	配件编号	配件名称	出库数量	单位	单价
3	FB05211450	离合器	10	个	20
4	FB05211451	操纵杆	20	个	60
5	FB05211452	转速表	50	块	200
6	FB05211453	里程表	600	块	280
7	FB05211454	组合表	30	个	850
8	FB05211455	缓速器	70	个	30

Sheet1　Sheet2　就绪

假设要为该工作表的单元格 A3 设置内容的对齐方式，演示代码如下：

```
1  from openpyxl import load_workbook   # 导入openpyxl模块中的load_
   workbook()函数
2  from openpyxl.styles import Alignment   # 从openpyxl模块的styles子模
   块中导入Alignment对象
3  workbook = load_workbook('F:\\python\\第5章\\出库表.xlsx')  # 打开指
   定的工作簿
4  worksheet = workbook['Sheet1']  # 选取工作表"Sheet1"
5  cell = worksheet['A3']  # 选取单元格A3
6  cell.alignment = Alignment(horizontal='right', vertical='center')  # 设
   置所选单元格的内容对齐方式
7  workbook.save('F:\\python\\第5章\\出库表3.xlsx')  # 另存工作簿
```

运行以上代码后，打开生成的工作簿"出库表 3.xlsx"，可在工作表"Sheet1"中看到为单元格 A3 设置内容对齐方式后的效果，如下图所示。

	A	B	C	D	E
1	产品出库表				
2	配件编号	配件名称	出库数量	单位	单价
3	FB05211450	离合器	10	个	20
4	FB05211451	操纵杆	20	个	60
5	FB05211452	转速表	50	块	200
6	FB05211453	里程表	600	块	280
7	FB05211454	组合表	30	个	850
8	FB05211455	缓速器	70	个	30

Sheet1 Sheet2 (+)

应用场景 2 设置单元格区域的内容对齐方式

◎ 代码文件：Alignment对象2.py
◎ 数据文件：出库表.xlsx

假设要为工作簿"出库表.xlsx"中工作表"Sheet1"的单元格区域 A3:E16 设置内容对齐方

式，可以使用 for 语句遍历单元格区域中的每一个单元格，再结合使用 Alignment 对象和 align-ment 属性为每一个单元格设置内容对齐方式。演示代码如下：

```
1  from openpyxl import load_workbook  # 导入openpyxl模块中的load_
   workbook()函数
2  from openpyxl.styles import Alignment  # 从openpyxl模块的styles子模
   块中导入Alignment对象
3  workbook = load_workbook('F:\\python\\第5章\\出库表.xlsx')  # 打开指
   定的工作簿
4  worksheet = workbook['Sheet1']  # 选取工作表"Sheet1"
5  area = worksheet['A3:E16']  # 选取单元格区域A3:E16
6  for i in area:  # 按行遍历所选的单元格区域
7      for j in i:  # 遍历一行中每一列的单元格
8          j.alignment = Alignment(horizontal='right', vertical=
           'center')  # 设置单元格的内容对齐方式
9  workbook.save('F:\\python\\第5章\\出库表3.xlsx')  # 另存工作簿
```

运行以上代码后，打开生成的工作簿"出库表 3.xlsx"，可在工作表"Sheet1"中看到为单元格区域 A3:E16 设置内容对齐方式后的效果，如下图所示。

	A	B	C	D	E
1	产品出库表				
2	配件编号	配件名称	出库数量	单位	单价
3	FB05211450	离合器	10	个	20
4	FB05211451	操纵杆	20	个	60
5	FB05211452	转速表	50	块	200
6	FB05211453	里程表	600	块	280
7	FB05211454	组合表	30	个	850
8	FB05211455	缓速器	70	个	30

Sheet1 Sheet2 ⊕

5.3.5　Side 对象和 Border 对象——设置边框格式

结合使用 openpyxl 模块中的 Side 对象和 Border 对象可以为指定的单元格设置边框格式。先用 Side 对象创建一组边框格式设置，再作为参数传给 Border 对象，将格式应用于指定的边框。

Side 对象的语法格式如下：

openpyxl.styles.Side(border_style, color)

参数说明：

border_style：指定边框的线型。其值可为 'double'、'mediumDashDotDot'、'slantDashDot'、'dashDotDot'、'dotted'、'hair'、'mediumDashed'、'dashed'、'dashDot'、'thin'、'mediumDashDot'、'medium'、'thick'。

color：指定边框的颜色（十六进制的 RGB 颜色代码）。

Border 对象的语法格式如下：

openpyxl.styles.Border(left, right, top, bottom)

参数说明：

left、right、top、bottom：分别用于指定左边框、右边框、上边框、下边框的格式，其值为用 Side 对象创建的边框格式设置。

创建一个 Border 对象后，将其赋给 Cell 对象的 border 属性，即可对单元格应用边框格式。

应用场景 1　设置单个单元格的边框格式

◎ 代码文件：Side对象和Border对象1.py
◎ 数据文件：出库表4.xlsx

下图所示为工作簿"出库表 4.xlsx"的工作表"Sheet1"中的数据表。

▲	A	B	C	D	E
1	产品出库表				
2	配件编号	配件名称	出库数量	单位	单价
3	FB05211450	离合器	10	个	20
4	FB05211451	操纵杆	20	个	60
5	FB05211452	转速表	50	块	200
6	FB05211453	里程表	600	块	280
7	FB05211454	组合表	30	个	850
8	FB05211455	缓速器	70	个	30
9	FB05211456	胶垫	80	个	30

Sheet1　Sheet2　⊕

就绪

假设要为该工作表的单元格 C2 设置边框格式，演示代码如下：

```
1   from openpyxl import load_workbook   # 导入openpyxl模块中的load_
    workbook()函数
2   from openpyxl.styles import Border, Side   # 从openpyxl模块的styles
    子模块中导入Border对象和Side对象
3   workbook = load_workbook('F:\\python\\第5章\\出库表4.xlsx')   # 打开
    指定的工作簿
4   worksheet = workbook['Sheet1']   # 选取工作表"Sheet1"
5   cell = worksheet['C2']   # 选取单元格C2
6   style1 = Side(border_style='thick', color='000000')   # 创建第1组边
    框格式：粗实线，黑色
7   style2 = Side(border_style='dashDot', color='FF0000')   # 创建第2组
    边框格式：点划线，红色
8   cell.border = Border(left=style1, right=style1, top=style2, bot-
    tom=style2)   # 对单元格C2应用边框格式：左边框和右边框应用第1种格式，上
    边框和下边框应用第2种格式
9   workbook.save('F:\\python\\第5章\\出库表5.xlsx')   # 另存工作簿
```

运行以上代码后，打开生成的工作簿"出库表 5.xlsx"，可在工作表"Sheet1"中看到为单元格 C2 设置边框格式后的效果，如下图所示。具体效果请读者自行运行代码后查看。

	A	B	C	D	E
1			产品出库表		
2	配件编号	配件名称	出库数量	单位	单价
3	FB05211450	离合器	10	个	20
4	FB05211451	操纵杆	20	个	60
5	FB05211452	转速表	50	块	200
6	FB05211453	里程表	600	块	280
7	FB05211454	组合表	30	个	850
8	FB05211455	缓速器	70	个	30
9	FB05211456	胶垫	80	个	30

Sheet1 Sheet2 ⊕

就绪

应用场景 2　设置单元格区域的边框格式

◎ 代码文件：Side对象和Border对象2.py
◎ 数据文件：出库表4.xlsx

　　假设要为工作簿"出库表4.xlsx"中工作表"Sheet1"的单元格区域 A2:E16 设置边框格式，可以使用 for 语句遍历单元格区域中的每一个单元格，再结合使用 Side 对象、Border 对象和 border 属性为每一个单元格设置边框格式。演示代码如下：

```
1  from openpyxl import load_workbook  # 导入openpyxl模块中的load_
   workbook()函数
2  from openpyxl.styles import Border, Side  # 从openpyxl模块的styles
   子模块中导入Border对象和Side对象
3  workbook = load_workbook('F:\\python\\第5章\\出库表4.xlsx')  # 打开
   指定的工作簿
4  worksheet = workbook['Sheet1']  # 选取工作表"Sheet1"
5  area = worksheet['A2:E16']  # 选取单元格区域A2:E16
6  style = Side(border_style='thin', color='000000')  # 创建一组边框格
   式：细实线，黑色
7  for i in area:  # 遍历所选单元格区域中的每一行
8      for j in i:  # 遍历一行中每一列的单元格
9          j.border = Border(left=style, right=style, top=style, bot-
           tom=style)  # 对单元格的4条边框应用相同的边框格式
10 workbook.save('F:\\python\\第5章\\出库表5.xlsx')  # 另存工作簿
```

　　运行以上代码后，打开生成的工作簿"出库表 5.xlsx"，可在工作表"Sheet1"中看到为单元格区域 A2:E16 设置边框格式后的效果，如下页图所示。

	A	B	C	D	E
1			产品出库表		
2	配件编号	配件名称	出库数量	单位	单价
3	FB05211450	离合器	10	个	20
4	FB05211451	操纵杆	20	个	60
5	FB05211452	转速表	50	块	200
6	FB05211453	里程表	600	块	280
7	FB05211454	组合表	30	个	850
8	FB05211455	缓速器	70	个	30
9	FB05211456	胶垫	80	个	30

Sheet1　Sheet2　⊕

就绪

第 3 部分

数据导入和整理
——pandas 模块

　　在实际工作中，仅靠 xlwings 模块是无法批量处理大量数据的。本部分将要介绍 Python 中一个重要的数据处理模块——pandas，它能高效地完成大量数据的导入、整理和分析。从某种程度上来说，pandas 模块是 Python 在数据科学领域得到广泛应用的重要推动因素之一。

第**6**章

数据处理基本操作

　　本章主要讲解如何使用 pandas 模块完成数据处理的基本操作，如数据的读取、导出、查看、排序和筛选等。

6.1　pandas 模块的数据结构

在学习使用 pandas 模块处理数据前，先来学习该模块中两个比较重要的对象——Series 和 DataFrame。使用这两个对象可以在计算机内存中构建虚拟的数据库，pandas 模块的几乎所有操作都是围绕这两个对象进行的。下面一起来学习如何使用这两个对象创建一维和二维的数据结构。

6.1.1　Series 对象——创建一维数据结构

Series 对象是一种带有行标签的一维数据结构，可存储整型数字、浮点型数字、字符串等类型的数据。创建 Series 对象的语法格式如下：

pandas.Series(data, index)

参数说明：

data：指定用于创建一维数据结构的数据，可以是列表、元组、字典等。

index：指定行标签，通常为列表，其数据长度与参数 data 相同。

 应用场景 1　使用列表创建一维数据结构

 ◎ 代码文件：Series对象1.py

本案例要使用一个一维列表创建一维数据结构（即 Series 对象）。演示代码如下：

```
1    import pandas as pd    # 导入pandas模块并简写为pd
2    s = pd.Series(data=['离合器', '里程表', '组合表', '缓速器'])    # 使用
     列表创建一维数据结构
3    print(s)    # 输出创建的一维数据结构
```

第 2 行代码等同于 "s = pd.Series(['离合器', '里程表', '组合表', '缓速器'])"。

代码运行结果如下：

```
1    0      离合器
2    1      里程表
3    2      组合表
4    3      缓速器
5   dtype: object
```

从运行结果可以看出，成功创建了一个一维数据结构 s。因为代码中没有指定行标签，所以 pandas 模块自动为每个元素分配了默认的行标签——从 0 开始的整数序列。

应用场景 2　使用列表创建一维数据结构并设置行标签

◎ 代码文件：Series对象2.py

本案例要使用一个一维列表创建一维数据结构，并通过 Series 对象的参数 index 自定义元素的行标签。演示代码如下：

```python
1    import pandas as pd   # 导入pandas模块并简写为pd
2    s = pd.Series(data=['离合器', '里程表', '组合表', '缓速器'], index=
     ['A001', 'A002', 'A003', 'A004'])  # 创建一维数据结构并自定义元素的行
     标签
3    print(s)  # 输出创建的一维数据结构
```

代码运行结果如下：

```
1   A001      离合器
2   A002      里程表
3   A003      组合表
```

```
4    A004      缓速器
5    dtype: object
```

从运行结果可以看出，数据结构 s 中 4 个元素的行标签分别为自定义的 A001、A002、A003、A004。

 ## 应用场景 3　使用字典创建一维数据结构

 ◎ 代码文件：Series对象3.py

本案例要使用一个字典创建一维数据结构。演示代码如下：

```
1    import pandas as pd   # 导入pandas模块并简写为pd
2    s = pd.Series({'A001': '离合器', 'A002': '里程表', 'A003': '组合表',
     'A004': '缓速器'})   # 使用字典创建一维数据结构
3    print(s)   # 输出创建的一维数据结构
```

代码运行结果如下：

```
1    A001      离合器
2    A002      里程表
3    A003      组合表
4    A004      缓速器
5    dtype: object
```

从运行结果可以看出，pandas 模块自动使用字典的值作为一维数据结构的元素，使用字典的键作为元素的行标签。

6.1.2 DataFrame 对象——创建二维数据结构

DataFrame 是一种带有行标签和列标签的二维数据结构，其形式类似用 Excel 创建的二维数据表。相比于 Series 对象，DataFrame 对象在实际工作中的应用更为广泛，因此，后续章节的内容都主要围绕 DataFrame 对象展开。创建 DataFrame 对象的语法格式如下：

pandas.DataFrame(data, columns, index)

参数说明：

data：指定用于创建二维数据结构的数据，可以是列表、元组、字典等。

columns：指定列标签，通常为列表，其数据长度与参数 data 相同。

index：指定行标签，通常为列表，其数据长度与参数 data 相同。

应用场景 1　使用列表创建二维数据结构

◎ 代码文件：DataFrame对象1.py

本案例要使用一个二维列表创建二维数据结构（即 DataFrame 对象）。演示代码如下：

```
1  import pandas as pd  # 导入pandas模块并简写为pd
2  data = pd.DataFrame([['离合器', 25], ['里程表', 50], ['组合表',
   100], ['缓速器', 254]])  # 创建二维数据结构
3  print(data)  # 输出创建的二维数据结构
```

代码运行结果如下：

```
1     0        1
2  0  离合器     25
3  1  里程表     50
4  2  组合表     100
5  3  缓速器     254
```

从运行结果可以看出，成功创建了一个二维数据结构，其中的元素既有行标签又有列标签。因为代码中没有指定行标签和列标签，所以 pandas 模块自动为每个元素分配了默认的行标签和列标签——从 0 开始的整数序列。

应用场景 2　使用列表创建二维数据结构并设置行列标签

　◎ 代码文件：DataFrame对象2.py

本案例要使用一个二维列表创建二维数据结构，并通过 DataFrame 对象的参数 columns 和 index 自定义元素的列标签和行标签。演示代码如下：

```
1  import pandas as pd  # 导入pandas模块并简写为pd
2  data = pd.DataFrame([['离合器', 25], ['里程表', 50], ['组合表',
   100], ['缓速器', 254]], columns=['产品名称', '销售数量'], index=
   ['A001', 'A002', 'A003', 'A004'])  # 创建二维数据结构并自定义元素的列
   标签和行标签
3  print(data)  # 输出创建的二维数据结构
```

代码运行结果如下：

```
1          产品名称      销售数量
2  A001    离合器       25
3  A002    里程表       50
4  A003    组合表       100
5  A004    缓速器       254
```

从运行结果可以看出，成功地为二维数据结构中的元素添加了自定义的列标签和行标签。

应用场景 3　使用字典创建二维数据结构

　◎ 代码文件：DataFrame对象3.py

本案例要使用一个字典创建二维数据结构。演示代码如下：

```
1   import pandas as pd  # 导入pandas模块并简写为pd
2   data = pd.DataFrame({'产品名称': ['离合器', '里程表', '组合表', '缓速
    器'], '销售数量': [25, 50, 100, 254]})  # 使用字典创建二维数据结构
3   print(data)  # 输出创建的二维数据结构
```

代码运行结果如下：

```
1        产品名称      销售数量
2   0    离合器       25
3   1    里程表       50
4   2    组合表       100
5   3    缓速器       254
```

从运行结果可以看出，pandas 模块使用字典的值作为二维数据结构中每一列的元素，使用字典的键作为列标签。此外，由于代码中没有指定行标签，pandas 模块默认使用从 0 开始的整数序列作为行标签。

应用场景 4　使用字典创建二维数据结构并设置行标签

　◎ 代码文件：DataFrame对象4.py

在使用字典创建二维数据结构时，如果要自定义行标签，可以使用 DataFrame 对象的参数 index 传入一个列表作为行标签。演示代码如下：

```
1    import pandas as pd   # 导入pandas模块并简写为pd
2    data = pd.DataFrame({'产品名称': ['离合器', '里程表', '组合表', '缓速
     器'], '销售数量': [25, 50, 100, 254]}, index=['A001', 'A002', 'A003',
     'A004'])   # 使用字典创建二维数据结构并设置行标签
3    print(data)   # 输出创建的二维数据结构
```

代码运行结果如下:

```
1         产品名称      销售数量
2    A001  离合器       25
3    A002  里程表       50
4    A003  组合表       100
5    A004  缓速器       254
```

6.2　数据的读取与写入

pandas 模块可以从多种格式的数据文件中读取数据,也可以将处理后的数据写入这些文件。本节以 Excel 工作簿和 CSV 文件的读取和写入为例讲解具体方法。

6.2.1　read_excel() 函数——读取 Excel 工作簿数据

read_excel() 函数用于从 Excel 工作簿中读取数据并创建相应的 DataFrame 对象。其语法格式如下:

pandas.read_excel(io, sheet_name, header, names, index_col, usecols)
参数说明:

io:指定要读取的工作簿的文件路径,可以是相对路径或绝对路径。

sheet_name:指定从哪个工作表中读取数据。如果省略该参数,则默认读取第 1 个工作表的数据。当参数值为整型数字时,以 0 代表第 1 个工作表,以 1 代表第 2 个工作表,依此类推。

当参数值为字符串时，表示要读取的工作表的名称。当参数值为 None 时，表示读取所有工作表的数据，函数将返回一个字典，字典的键是工作表名称，字典的值是包含相应工作表数据的 DataFrame 对象。还可以用列表的形式指定多个工作表，例如，[0, 1, 'Sheet5'] 表示读取第 1 个工作表、第 2 个工作表及工作表 "Sheet5"，并返回一个字典。

header：指定使用所读取数据的第几行（从 0 开始计数）内容作为列标签。如果省略该参数，默认使用第 1 行内容作为列标签。如果该参数值为 None，表示将列标签设置为从 0 开始的整数序列。

names：指定自定义的列标签，通常为一个列表。

index_col：指定使用所读取数据的第几列（从 0 开始计数）内容作为行标签。如果省略该参数，表示将行标签设置为从 0 开始的整数序列。

usecols：指定要读取工作表中的哪几列数据。例如，要读取第 2 列（即 B 列）数据，该列的列名为 "产品"，就可以将该参数设置为 [1]、'B' 或 ['产品']。如果要读取多列，参数值可以设置为由多个列索引号或列名组成的列表，如 [1, 2, 4]、['产品', '数量', '金额']；也可以为多个列标组成的字符串，如 'A:E'、'A,C,E:F'。

应用场景 1　读取工作簿中指定工作表的数据

◎ 代码文件：read_excel()函数1.py
◎ 数据文件：统计表.xlsx

下图所示为工作簿 "统计表.xlsx" 的第 1 个工作表 "Sheet1" 中的数据表。

	A	B	C	D	E
1	产品名称	出库数量	单价	出库金额	
2	离合器	10	20	200	
3	操纵杆	20	60	1200	
4	转速表	50	200	10000	
5	里程表	600	280	168000	
6	组合表	30	850	25500	
7	缓速器	70	30	2100	
8	胶垫	80	30	2400	
9					

Sheet1　Sheet2　⊕

下面使用 read_excel() 函数读取该工作表的数据。演示代码如下：

```
1    import pandas as pd   # 导入pandas模块并简写为pd
2    data = pd.read_excel('F:\\python\\第6章\\统计表.xlsx', sheet_name=
     0)   # 读取工作簿中第1个工作表的数据
3    print(data)   # 输出读取的数据
```

第 2 行代码中设置参数 sheet_name 的值为 0，表示读取工作簿中的第 1 个工作表。因为第 1 个工作表的名称为 "Sheet1"，所以第 2 行代码中的 "sheet_name=0" 也可修改为 "sheet_name='Sheet1'"。

代码运行结果如下：

```
1       产品名称     出库数量        单价     出库金额
2    0   离合器       10           20      200
3    1   操纵杆       20           60      1200
4    2   转速表       50           200     10000
5    3   里程表       600          280     168000
6    4   组合表       30           850     25500
7    5   缓速器       70           30      2100
8    6   胶垫         80           30      2400
```

 应用场景 2　读取指定工作表的数据并应用默认的列标签

　◎ 代码文件：read_excel()函数2.py
　◎ 数据文件：统计表.xlsx

本案例要在读取工作簿 "统计表.xlsx" 的第 1 个工作表数据时通过设置 read_excel() 函数的参数 header，对数据应用默认的列标签（从 0 开始的整数序列）。演示代码如下：

```
1    import pandas as pd   # 导入pandas模块并简写为pd
```

```
2   data = pd.read_excel('F:\\python\\第6章\\统计表.xlsx', sheet_name=
    0, header=None)  # 读取工作簿中第1个工作表的数据并将列标签设置为从0开始
    的整数序列
3   print(data)  # 输出读取的数据
```

代码运行结果如下：

```
1            0            1            2            3
2    0    产品名称      出库数量       单价        出库金额
3    1    离合器        10           20          200
4    2    操纵杆        20           60          1200
5    3    转速表        50           200         10000
6    4    里程表        600          280         168000
7    5    组合表        30           850         25500
8    6    缓速器        70           30          2100
9    7    胶垫          80           30          2400
```

应用场景 3   读取指定工作表的数据并应用自定义的列标签

◎ 代码文件：read_excel()函数3.py
◎ 数据文件：统计表.xlsx

本案例要在读取工作簿"统计表.xlsx"的第 1 个工作表数据时通过设置 read_excel() 函数的参数 names，对数据应用自定义的列标签。演示代码如下：

```
1   import pandas as pd  # 导入pandas模块并简写为pd
2   data = pd.read_excel('F:\\python\\第6章\\统计表.xlsx', sheet_name=
    0, names=['产品名称', '销售数量', '产品单价', '销售金额'])  # 读取工作
```

簿中第1个工作表的数据并重新设置列标签

```
3    print(data)   # 输出读取的数据
```

代码运行结果如下：

	产品名称	销售数量	产品单价	销售金额
0	离合器	10	20	200
1	操纵杆	20	60	1200
2	转速表	50	200	10000
3	里程表	600	280	168000
4	组合表	30	850	25500
5	缓速器	70	30	2100
6	胶垫	80	30	2400

 应用场景 4　读取指定工作表的数据并指定行标签

 ◎ 代码文件：read_excel()函数4.py
◎ 数据文件：统计表.xlsx

本案例要在读取工作簿"统计表.xlsx"的第 1 个工作表数据时通过设置 read_excel() 函数的参数 index_col，从数据中指定一列作为行标签。演示代码如下：

```
1    import pandas as pd   # 导入pandas模块并简写为pd
2    data = pd.read_excel('F:\\python\\第6章\\统计表.xlsx', sheet_name=
     0, index_col=0)   # 读取工作簿中第1个工作表的数据并将第1列的内容设置为行
     标签
3    print(data)   # 输出读取的数据
```

代码运行结果如下：

1		出库数量	单价	出库金额
2	产品名称			
3	离合器	10	20	200
4	操纵杆	20	60	1200
5	转速表	50	200	10000
6	里程表	600	280	168000
7	组合表	30	850	25500
8	缓速器	70	30	2100
9	胶垫	80	30	2400

应用场景 5　读取指定工作表的单列数据

◎ 代码文件：read_excel()函数5.py

◎ 数据文件：统计表.xlsx

如果要读取工作簿"统计表.xlsx"中第 1 个工作表的单列数据，可以通过设置 read_excel() 函数的参数 usecols 来实现。演示代码如下：

```
1  import pandas as pd  # 导入pandas模块并简写为pd
2  data = pd.read_excel('F:\\python\\第6章\\统计表.xlsx', sheet_name=
   0, usecols=[2])  # 读取工作簿中第1个工作表的第3列数据
3  print(data)  # 输出读取的数据
```

代码运行结果如下：

```
1     单价
2  0  20
3  1  60
```

4	2	200
5	3	280
6	4	850
7	5	30
8	6	30

应用场景 6　读取指定工作表的不连续多列数据

◎ 代码文件：read_excel()函数6.py
◎ 数据文件：统计表.xlsx

如果要从工作簿"统计表.xlsx"的第 1 个工作表中读取不连续的多列数据，可以通过设置 read_excel() 函数的参数 usecols 来实现。演示代码如下：

```
1    import pandas as pd    # 导入pandas模块并简写为pd
2    data = pd.read_excel('F:\\python\\第6章\\统计表.xlsx', sheet_name=0, usecols=[0, 2])    # 从工作簿的第1个工作表中读取第1列和第3列数据
3    print(data)    # 输出读取的数据
```

要读取的第 1 列和第 3 列数据在工作表中分别位于 A 列和 C 列，这两列的列名分别为"产品名称"和"单价"，因此，第 2 行代码中的"usecols=[0, 2]"可修改为"usecols='A, C'"或"usecols=['产品名称', '单价']"。

代码运行结果如下：

		产品名称	单价
1		产品名称	单价
2	0	离合器	20
3	1	操纵杆	60
4	2	转速表	200

5	3	里程表	280
6	4	组合表	850
7	5	缓速器	30
8	6	胶垫	30

应用场景 7 读取指定工作表的连续多列数据

◎ 代码文件：read_excel()函数7.py
◎ 数据文件：统计表.xlsx

如果要从工作簿"统计表.xlsx"的第 1 个工作表中读取连续的多列数据，同样可以通过设置 read_excel() 函数的参数 usecols 来实现。演示代码如下：

```
1  import pandas as pd   # 导入pandas模块并简写为pd
2  data = pd.read_excel('F:\\python\\第6章\\统计表.xlsx', sheet_name=
   0, usecols='A:C')   # 从工作簿的第1个工作表中读取A列到C列的数据
3  print(data)   # 输出读取的数据
```

代码运行结果如下：

1		产品名称	出库数量	单价
2	0	离合器	10	20
3	1	操纵杆	20	60
4	2	转速表	50	200
5	3	里程表	600	280
6	4	组合表	30	850
7	5	缓速器	70	30
8	6	胶垫	80	30

6.2.2　read_csv() 函数——读取 CSV 文件数据

CSV 文件在本质上是文本文件，只能存储字符，不能存储格式、公式、宏等，因而所占存储空间通常较小。CSV 文件一般用逗号分隔一系列值，它既可以用 Excel 打开，也可以用文本编辑器（如记事本）打开。pandas 模块中的 read_csv() 函数用于读取 CSV 文件中的数据并创建相应的 DataFrame 对象。其语法格式如下：

$$\text{pandas.read\_csv(io, sep, header, names, index\_col,}$$
$$\text{usecols, nrows, encoding)}$$

参数说明：

io：指定要读取的 CSV 文件的路径，可以是相对路径或绝对路径。

sep：指定数据的分隔符。如果省略该参数，则默认使用逗号作为分隔符。

header：指定使用第几行（从 0 开始计数）作为列标签及数据读取的起点。

names：指定自定义的列标签，通常为一个列表。

index_col：指定作为行标签的列，可为列名字符串（如 '产品'）或列索引号（如 0）。

usecols：指定要读取的列，通常为一个列表，如 [0, 1, 4]、['产品', '数量', '金额']。

nrows：指定要读取的行数。

encoding：指定 CSV 文件的编码方式。根据实际情况设置，如 'utf-8'、'utf-8-sig'、'gbk' 等。

应用场景 1　读取 CSV 文件数据

◎ 代码文件：read_csv()函数1.py
◎ 数据文件：员工档案表.csv

右图所示为 CSV 文件"员工档案表.csv"的内容，可以看到该文件中的数据使用逗号作为分隔符。

```
员工档案表.csv - 记事本                    —    □    ×
文件(F)  编辑(E)  格式(O)  查看(V)  帮助(H)
员工编号,性别,部门,入职时间
A001,女,财务部,2015/1/5
A002,男,销售部,2019/4/5
A003,女,销售部,2016/5/8
A004,男,财务部,2010/5/6
A005,男,行政部,2014/6/9
A006,女,采购部,2016/5/9
```

下面使用 read_csv() 函数读取该 CSV 文件中的数据。演示代码如下：

```
1   import pandas as pd  # 导入pandas模块并简写为pd
2   data = pd.read_csv('F:\\python\\第6章\\员工档案表.csv')  # 读取CSV文
    件数据
3   print(data)  # 输出读取的数据
```

代码运行结果如下：

```
1       员工编号    性别    部门    入职时间
2   0   A001      女     财务部   2015/1/5
3   1   A002      男     销售部   2019/4/5
4   2   A003      女     销售部   2016/5/8
5   3   A004      男     财务部   2010/5/6
6   4   A005      男     行政部   2014/6/9
7   5   A006      女     采购部   2016/5/9
8   6   A007      男     销售部   2017/10/6
```

应用场景 2 读取 CSV 文件数据时指定分隔符和编码方式

◎ 代码文件：read_csv()函数2.py
◎ 数据文件：员工档案表1.csv

　　右图所示为 CSV 文件"员工档案表 1.csv"
的内容，可以看到该文件中的数据使用"-"
号作为分隔符，并且状态栏中显示的编码方
式为 ANSI，在简体中文版 Windows 中其实
就对应 GBK 编码方式。

如果要读取该 CSV 文件中的数据，可以通过在 read_csv() 函数中设置参数 sep 和 encoding 来实现。演示代码如下：

```
1   import pandas as pd  # 导入pandas模块并简写为pd
2   data = pd.read_csv('F:\\python\\第6章\\员工档案表1.csv', sep='-',
    encoding='gbk')  # 读取CSV文件数据，指定分隔符为"-"、编码方式为GBK
3   print(data)  # 输出读取的数据
```

代码运行结果如下：

		员工编号	性别	部门	入职时间
1		员工编号	性别	部门	入职时间
2	0	A001	女	财务部	2015/1/5
3	1	A002	男	销售部	2019/4/5
4	2	A003	女	销售部	2016/5/8
5	3	A004	男	财务部	2010/5/6
6	4	A005	男	行政部	2014/6/9
7	5	A006	女	采购部	2016/5/9
8	6	A007	男	销售部	2017/10/6

应用场景 3 读取 CSV 文件中指定列的数据

◎ 代码文件：read_csv()函数3.py
◎ 数据文件：员工档案表.csv

如果要从 CSV 文件 "员工档案表.csv" 中读取指定列的数据，如第 1 列和第 4 列的数据，可以通过设置 read_csv() 函数的参数 usecols 来实现。演示代码如下：

```
1   import pandas as pd  # 导入pandas模块并简写为pd
```

```
2    data = pd.read_csv('F:\\python\\第6章\\员工档案表.csv', usecols=[0,
     3])   # 读取CSV文件的第1列和第4列数据
3    print(data)   # 输出读取的数据
```

由于第 1 列和第 4 列的列名分别为"员工编号"和"入职时间"，第 2 行代码中的"usecols=[0, 3]"可以修改为"usecols=['员工编号', '入职时间']"。

代码运行结果如下：

```
1       员工编号      入职时间
2    0  A001       2015/1/5
3    1  A002       2019/4/5
4    2  A003       2016/5/8
5    3  A004       2010/5/6
6    4  A005       2014/6/9
7    5  A006       2016/5/9
8    6  A007       2017/10/6
```

 应用场景 4　读取 CSV 文件的前几行数据

 ◎ 代码文件：read_csv()函数4.py
◎ 数据文件：员工档案表.csv

如果要读取 CSV 文件"员工档案表.csv"的前几行数据，如前 4 行数据，可以通过设置 read_csv() 函数的参数 nrows 来实现。演示代码如下：

```
1    import pandas as pd   # 导入pandas模块并简写为pd
2    data = pd.read_csv('F:\\python\\第6章\\员工档案表.csv', nrows=4)   # 读
     取CSV文件的前4行数据
```

```
3    print(data)   # 输出读取的数据
```

代码运行结果如下:

```
1        员工编号    性别    部门      入职时间
2    0   A001       女     财务部    2015/1/5
3    1   A002       男     销售部    2019/4/5
4    2   A003       女     销售部    2016/5/8
5    3   A004       男     财务部    2010/5/6
```

6.2.3　to_excel() 函数——将数据写入 Excel 工作簿

DataFrame 对象的 to_excel() 函数用于将 DataFrame 对象中的数据写入 Excel 工作簿。其语法格式如下:

表达式.to_excel(excel_writer, sheet_name, na_rep, columns, header, index, index_label)

参数说明:

表达式:一个 DataFrame 对象,其中包含要写入 Excel 工作簿的数据。

excel_writer:指定写入数据的工作簿的文件路径,可以是相对路径或绝对路径。如果路径指向的工作簿已存在,会被直接覆盖。

sheet_name:指定写入数据的工作表名称。如果省略该参数,则将工作表命名为"Sheet1"。

na_rep:指定用于填充缺失值的数据。

columns:指定要写入的列,如 ['产品', '数量', '金额']。

header:指定写入数据时使用的列名。如果参数值为 True 或省略,则在写入数据时使用 DataFrame 对象中的列标签作为列名;如果参数值为 False,则在写入数据时忽略列标签;如果参数值为一个字符串列表,则在写入数据时用其作为列名。

index:指定是否写入行标签。如果参数值为 True 或省略,则将行标签写入工作表的第 1 列;如果参数值为 False,则忽略行标签。

index_label:指定行标签列的列名。

应用场景 1　将数据写入工作簿

◎ 代码文件：to_excel()函数1.py

本案例要使用 to_excel() 函数将 DataFrame 对象中的数据写入工作簿。演示代码如下：

```
1  import pandas as pd  # 导入pandas模块并简写为pd
2  data = pd.DataFrame([['可乐', 15, 3, 45], ['雪碧', 6, 5, 30], ['橙
   汁', 10, 4, 40], ['矿泉水', 20, 2, 40]])  # 创建一个DataFrame对象
3  data.to_excel('F:\\python\\第6章\\产品表.xlsx', sheet_name='产品表')  # 将
   DataFrame对象中的数据写入工作簿"产品表.xlsx"的工作表"产品表"中
```

运行以上代码后，打开生成的工作簿"产品表.xlsx"，可以看到工作表"产品表"中的数据，如右图所示。

	A	B	C	D	E	F
1		0	1	2	3	
2	0	可乐	15	3	45	
3	1	雪碧	6	5	30	
4	2	橙汁	10	4	40	
5	3	矿泉水	20	2	40	
6						

产品表

应用场景 2　将数据写入工作簿时使用自定义的列名

◎ 代码文件：to_excel()函数2.py

本案例要将 DataFrame 对象中的数据写入工作簿，并使用自定义的列名，可以通过设置 to_excel() 函数的参数 header 来实现。演示代码如下：

```
1  import pandas as pd  # 导入pandas模块并简写为pd
2  data = pd.DataFrame([['可乐', 15, 3, 45], ['雪碧', 6, 5, 30], ['橙
   汁', 10, 4, 40], ['矿泉水', 20, 2, 40]])  # 创建一个DataFrame对象
```

```
3   data.to_excel('F:\\python\\第6章\\产品表.xlsx', sheet_name='产品表',
    header=['产品名称', '销售数量', '销售单价', '销售额'])  # 将DataFrame
    对象中的数据写入工作簿"产品表.xlsx"的工作表"产品表"中，并设置列名
```

运行以上代码后，打开生成的工作簿"产品表.xlsx"，可以看到工作表"产品表"中的数据使用了代码中设置的列名，如右图所示。

	A	B	C	D	E
1		产品名称	销售数量	销售单价	销售额
2	0	可乐	15	3	45
3	1	雪碧	6	5	30
4	2	橙汁	10	4	40
5	3	矿泉水	20	2	40
6					

产品表 (+)

就绪

应用场景 3　将数据写入工作簿时忽略行标签

◎ 代码文件：to_excel()函数3.py

本案例要将 DataFrame 对象中的数据写入工作簿，并忽略行标签，可以通过设置 to_excel() 函数的参数 index 来实现。演示代码如下：

```
1   import pandas as pd  # 导入pandas模块并简写为pd
2   data = pd.DataFrame([['可乐', 15, 3, 45], ['雪碧', 6, 5, 30], ['橙
    汁', 10, 4, 40], ['矿泉水', 20, 2, 40]])  # 创建一个DataFrame对象
3   data.to_excel('F:\\python\\第6章\\产品表.xlsx', sheet_name='产品表',
    header=['产品名称', '销售数量', '销售单价', '销售额'], index=False)  # 将
    DataFrame对象中的数据写入工作簿"产品表.xlsx"的工作表"产品表"中，并
    忽略行标签
```

运行以上代码后，打开生成的工作簿"产品表.xlsx"，可以看到工作表"产品表"中的数据没有行标签，如右图所示。

	A	B	C	D	E
1	产品名称	销售数量	销售单价	销售额	
2	可乐	15	3	45	
3	雪碧	6	5	30	
4	橙汁	10	4	40	
5	矿泉水	20	2	40	
6					

产品表 (+)

应用场景 4　将数据写入工作簿时设置行标签列的列名

　◎ 代码文件：to_excel()函数4.py

　　本案例要将 DataFrame 对象中的数据写入工作簿，并设置行标签列的列名，可以通过设置 to_excel() 函数的参数 index_label 来实现。演示代码如下：

```
1   import pandas as pd  # 导入pandas模块并简写为pd
2   data = pd.DataFrame([['可乐', 15, 3, 45], ['雪碧', 6, 5, 30], ['橙
    汁', 10, 4, 40], ['矿泉水', 20, 2, 40]])  # 创建一个DataFrame对象
3   data.to_excel('F:\\python\\第6章\\产品表.xlsx', sheet_name='产品表',
    header=['产品名称', '销售数量', '销售单价', '销售额'], index_label=
    '序号')  # 将DataFrame对象中的数据写入工作簿"产品表.xlsx"的工作表"产
    品表"中，并设置行标签列的列名
```

　　运行以上代码后，打开生成的工作簿"产品表.xlsx"，可看到工作表"产品表"中的行标签列使用了代码中设置的列名，如右图所示。

	A	B	C	D	E	F
1	序号	产品名称	销售数量	销售单价	销售额	
2	0	可乐	15	3	45	
3	1	雪碧	6	5	30	
4	2	橙汁	10	4	40	
5	3	矿泉水	20	2	40	
6						

产品表　⊕

6.2.4　to_csv() 函数——将数据写入 CSV 文件

　　DataFrame 对象的 to_csv() 函数用于将 DataFrame 对象中的数据写入 CSV 文件。其语法格式如下：

表达式.to_csv(path_or_buf, sep, na_rep, columns, header, index, index_label, encoding)

参数说明：

表达式：一个 DataFrame 对象，其中包含要写入 CSV 文件的数据。

path_or_buf：指定写入数据的 CSV 文件的路径，可以是相对路径或绝对路径。

sep：指定 CSV 文件的字段分隔符。如果省略该参数，则默认使用逗号分隔数据。

na_rep：指定用于填充缺失值的数据。

columns：指定要写入的列，如 ['产品', '数量', '金额']。

header：指定写入数据时使用的列名。如果参数值为 True 或省略，则在写入数据时使用 DataFrame 对象中的列标签作为列名；如果参数值为 False，则在写入数据时忽略列标签；如果参数值为一个字符串列表，则在写入数据时用其作为列名。

index：指定是否写入行标签。如果参数值为 True 或省略，则将行标签写入 CSV 文件的第 1 列；如果参数值为 False，则忽略行标签。

index_label：指定行标签列的列名。

encoding：指定 CSV 文件的编码方式。一般设置为 'utf-8' 或 'utf-8-sig'。

应用场景 1　将数据写入 CSV 文件

　◎ 代码文件：to_csv()函数1.py

本案例要使用 to_csv() 函数将 DataFrame 对象中的数据写入 CSV 文件。演示代码如下：

```
1    import pandas as pd    # 导入pandas模块并简写为pd
2    data = pd.DataFrame([['可乐', 15, 3, 45], ['雪碧', 6, 5, 30], ['橙
     汁', 10, 4, 40], ['矿泉水', 20, 2, 40]])    # 创建一个DataFrame对象
3    data.to_csv('F:\\python\\第6章\\产品表.csv', header=['产品名称', '销
     售数量', '销售单价', '销售额'], index=False)    # 将DataFrame对象中的数
     据写入CSV文件"产品表.csv"
```

运行以上代码后，打开生成的 CSV 文件 "产品表.csv"，可看到如右图所示的内容。

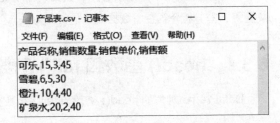

应用场景 2 将数据写入 CSV 文件时指定分隔符

◎ 代码文件：to_csv()函数2.py

本案例要将 DataFrame 对象中的数据写入 CSV 文件，并使用指定的符号作为分隔符，可以通过设置 to_csv() 函数的参数 sep 来实现。演示代码如下：

```
1   import pandas as pd  # 导入pandas模块并简写为pd
2   data = pd.DataFrame([['可乐', 15, 3, 45], ['雪碧', 6, 5, 30], ['橙汁', 10, 4, 40], ['矿泉水', 20, 2, 40]])  # 创建一个DataFrame对象
3   data.to_csv('F:\\python\\第6章\\产品表.csv', sep='*', header=['产品名称', '销售数量', '销售单价', '销售额'], index=False)  # 将DataFrame对象中的数据写入CSV文件"产品表.csv"并使用指定的符号作为分隔符
```

运行以上代码后，打开生成的 CSV 文件"产品表.csv"，可看到如右图所示的内容。

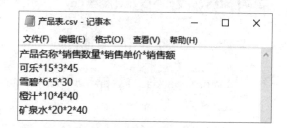

6.3 数据概况的查看

有了数据后，为了更好地分析数据，需要先了解数据的基本情况，如数据的行数、列数、类型等。本节将介绍查看数据概况的常用方法。

6.3.1 head() 函数和 tail() 函数——查看数据的前 / 后几行

DataFrame 对象的 head() 函数和 tail() 函数分别用于从数据的头部和尾部选取指定数量的

行。其语法格式如下：

表达式.head / tail(n)

参数说明：

表达式：一个 DataFrame 对象。

n：表示要返回的数据的行数。如果省略该参数，则默认返回 5 行数据。

这两个函数常用于快速选取部分数据来查看，以帮助验证操作结果是否正确。

应用场景 1　查看数据的前 5 行

◎ 代码文件：head()函数.py
◎ 数据文件：统计表.xlsx

本案例要先从工作簿"统计表.xlsx"的第 1 个工作表中读取数据，再使用 head() 函数查看前 5 行数据。演示代码如下：

```
1   import pandas as pd   # 导入pandas模块并简写为pd
2   data = pd.read_excel('F:\\python\\第6章\\统计表.xlsx', sheet_name=
    0)   # 读取工作簿中第1个工作表的数据
3   data1 = data.head()   # 从读取的数据中选取前5行
4   print(data1)   # 输出选取的数据
```

代码运行结果如下：

```
1       产品名称      出库数量      单价      出库金额
2   0   离合器      10          20      200
3   1   操纵杆      20          60      1200
4   2   转速表      50          200     10000
5   3   里程表      600         280     168000
6   4   组合表      30          850     25500
```

应用场景 2　查看数据的后两行

◎ 代码文件：tail()函数.py
◎ 数据文件：统计表.xlsx

本案例要先从工作簿 "统计表.xlsx" 的第 1 个工作表中读取数据，再使用 tail() 函数查看后两行数据。演示代码如下：

```
1   import pandas as pd   # 导入pandas模块并简写为pd
2   data = pd.read_excel('F:\\python\\第6章\\统计表.xlsx', sheet_name=
    0)   # 读取工作簿中第1个工作表的数据
3   data1 = data.tail(2)   # 从读取的数据中选取后两行
4   print(data1)   # 输出选取的数据
```

代码运行结果如下：

		产品名称	出库数量	单价	出库金额
1					
2	5	缓速器	70	30	2100
3	6	胶垫	80	30	2400

6.3.2　shape 属性——查看数据的行数和列数

DataFrame 对象的 shape 属性用于获取数据的行数和列数。其语法格式如下：

表达式.shape

参数说明：

表达式：一个 DataFrame 对象。

shape 属性的返回结果是一个包含两个整数（分别代表行数和列数）的元组，可通过从元组中提取元素的方法来单独获取行数或列数。

应用场景　查看数据的行数和列数

◎ 代码文件：shape属性.py
◎ 数据文件：统计表.xlsx

本案例要先从工作簿"统计表.xlsx"的第 1 个工作表中读取数据，再使用 shape 属性查看数据的行数和列数。演示代码如下：

```
1  import pandas as pd  # 导入pandas模块并简写为pd
2  data = pd.read_excel('F:\\python\\第6章\\统计表.xlsx', sheet_name=
   0)  # 读取工作簿中第1个工作表的数据
3  a = data.shape  # 获取所读取数据的行数和列数
4  print(data)  # 输出读取的数据
5  print(a)  # 输出获取的行数和列数
```

代码运行结果如下：

```
1     产品名称    出库数量    单价    出库金额
2  0  离合器     10       20     200
3  1  操纵杆     20       60     1200
4  2  转速表     50       200    10000
5  3  里程表     600      280    168000
6  4  组合表     30       850    25500
7  5  缓速器     70       30     2100
8  6  胶垫      80       30     2400
9  (7, 4)
```

从运行结果可以看出，在统计行数和列数时，行标签列和列标签行未被计算在内。

6.3.3　info() 函数——查看数据的基本统计信息

DataFrame 对象的 info() 函数用于打印输出数据的基本统计信息，如行列数、行列标签、非空值数量、数据类型、内存占用情况等。其语法格式如下：

表达式.info()

参数说明：

表达式：一个 DataFrame 对象。

应用场景　查看数据的基本统计信息

◎ 代码文件：info()函数.py
◎ 数据文件：统计表.xlsx

本案例要先从工作簿 "统计表.xlsx" 的第 1 个工作表中读取数据，再使用 info() 函数查看数据的基本统计信息。演示代码如下：

```
1  import pandas as pd  # 导入pandas模块并简写为pd
2  data = pd.read_excel('F:\\python\\第6章\\统计表.xlsx', sheet_name=
   0)  # 读取工作簿中第1个工作表的数据
3  data.info()  # 输出所读取数据的基本统计信息
```

代码运行结果如下：

```
1  <class 'pandas.core.frame.DataFrame'>
2  RangeIndex: 7 entries, 0 to 6
3  Data columns (total 4 columns):
4   #   Column  Non-Null Count  Dtype
5  ---  ------  --------------  -----
6   0   产品名称  7 non-null    object
```

```
7     1    出库数量  7 non-null    int64
8     2    单价      7 non-null    int64
9     3    出库金额  7 non-null    int64
10   dtypes: int64(3), object(1)
11   memory usage: 352.0+ bytes
```

从运行结果可以看出：数据行数是 7，行标签为 0～6；数据列数是 4，列标签分别是"产品名称""出库数量""单价""出库金额"；各列的非空值数量都是 7；"产品名称"列的数据类型是 object，其他列的数据类型则是 int64；共占用内存约 352 字节。

6.3.4 dtypes 属性——查看各列的数据类型

DataFrame 对象的 dtypes 属性用于返回各列的数据类型。其语法格式如下：

表达式.dtypes

参数说明：

表达式：一个 DataFrame 对象。

 应用场景 查看数据各列的数据类型

 ◎ 代码文件：dtypes属性.py
◎ 数据文件：统计表.xlsx

本案例要先从工作簿"统计表.xlsx"的第 1 个工作表中读取数据，再使用 dtypes 属性查看各列的数据类型。演示代码如下：

```
1   import pandas as pd   # 导入pandas模块并简写为pd
2   data = pd.read_excel('F:\\python\\第6章\\统计表.xlsx', sheet_name=
    0)   # 读取工作簿中第1个工作表的数据
```

```
3    print(data.dtypes)    # 输出所读取数据各列的数据类型
```

代码运行结果如下：

```
1    产品名称          object
2    出库数量          int64
3    单价              int64
4    出库金额          int64
5    dtype: object
```

从运行结果可以看出，"产品名称"列的数据类型为 object，其余列的数据类型均为 int64。

6.3.5 dtype 属性——查看某一列的数据类型

如果只想查看某一列的数据类型，可先从 DataFrame 对象中选取一列，再利用返回的 Series 对象的 dtype 属性获取数据类型。其语法格式如下：

表达式[列标签].dtype

参数说明：

表达式：一个 DataFrame 对象。

 应用场景　**查看数据某一列的数据类型**

　　◎ 代码文件：dtype属性.py
　　◎ 数据文件：统计表.xlsx

本案例要先从工作簿"统计表.xlsx"的第 1 个工作表中读取数据，再从中选取"单价"列，利用 dtype 属性查看该列的数据类型。演示代码如下：

```
1    import pandas as pd    # 导入pandas模块并简写为pd
```

```
2   data = pd.read_excel('F:\\python\\第6章\\统计表.xlsx', sheet_name=
    0)  # 读取工作簿中第1个工作表的数据
3   print(data['单价'].dtype)  # 输出"单价"列的数据类型
```

代码运行结果如下：

```
1   int64
```

6.4　行标签和列标签的修改

行标签和列标签是查找和选取数据的重要依据。在读取数据后，如果生成的行标签和列标签不便于数据的操作，可以对它们进行修改。

6.4.1　index 属性和 columns 属性——修改行标签和列标签

DataFrame 对象的 index 属性和 columns 属性分别代表数据的行标签和列标签。调用这两个属性的语法格式如下：

表达式.index / columns

参数说明：

表达式：一个 DataFrame 对象。

将新的行标签和列标签构造成列表，再分别赋给 index 属性和 columns 属性，就能达到修改行标签和列标签的目的。

 应用场景　修改数据的行标签和列标签

　◎ 代码文件：index属性和columns属性.py
　◎ 数据文件：统计表.xlsx

下图所示为工作簿"统计表.xlsx"的第 1 个工作表中的数据。

	A	B	C	D	E
1	产品名称	出库数量	单价	出库金额	
2	离合器	10	20	200	
3	操纵杆	20	60	1200	
4	转速表	50	200	10000	
5	里程表	600	280	168000	
6	组合表	30	850	25500	
7	缓速器	70	30	2100	
8	胶垫	80	30	2400	

Sheet1　Sheet2　⊕

本案例要先从该工作表中读取数据，再利用 index 属性和 columns 属性修改数据的行标签和列标签。演示代码如下：

```
1  import pandas as pd  # 导入pandas模块并简写为pd
2  data = pd.read_excel('F:\\python\\第6章\\统计表.xlsx', sheet_name=0)  # 读取工作簿中第1个工作表的数据
3  data.index = ['A', 'B', 'C', 'D', 'E', 'F', 'G']  # 修改所读取数据的行标签
4  data.columns = ['产品名称', '销售数量', '产品单价', '销售金额']  # 修改所读取数据的列标签
5  print(data)  # 输出修改行标签和列标签后的数据
```

代码运行结果如下：

		产品名称	销售数量	产品单价	销售金额
1		产品名称	销售数量	产品单价	销售金额
2	A	离合器	10	20	200
3	B	操纵杆	20	60	1200
4	C	转速表	50	200	10000
5	D	里程表	600	280	168000
6	E	组合表	30	850	25500
7	F	缓速器	70	30	2100
8	G	胶垫	80	30	2400

6.4.2 rename() 函数——重命名行标签和列标签

DataFrame 对象的 rename() 函数用于重命名数据的行标签和列标签。其语法格式如下：

表达式.rename(index, columns, inplace)

参数说明：

表达式：一个 DataFrame 对象。

index：指定新的行标签。该参数为一个字典，其中键是原行标签，值是新行标签。

columns：指定新的列标签。该参数为一个字典，其中键是原列标签，值是新列标签。

inplace：指定是否用重命名后的数据覆盖原来的数据。参数值为 False 或省略该参数表示不覆盖原来的数据，并返回一个新的 DataFrame 对象；参数值为 True 则表示覆盖原来的数据。

应用场景　重命名数据的行标签和列标签

◎ 代码文件：rename()函数.py
◎ 数据文件：统计表.xlsx

本案例要先从工作簿"统计表.xlsx"的第 1 个工作表中读取数据，再使用 rename() 函数重命名行标签和列标签。演示代码如下：

```
1   import pandas as pd   # 导入pandas模块并简写为pd
2   data = pd.read_excel('F:\\python\\第6章\\统计表.xlsx', sheet_name=
    0)   # 读取工作簿中第1个工作表的数据
3   data = data.rename(index={0:'A', 1:'B', 2:'C', 3:'D', 4:'E', 5:'F',
    6:'G'}, columns={'出库数量':'销售数量', '出库金额':'销售金额'})   # 重
    命名所读取数据的行标签和列标签
4   print(data)   # 输出重命名行标签和列标签后的数据
```

第 3 行代码也可以修改为"data.rename(index={0:'A', 1:'B', 2:'C', 3:'D', 4:'E', 5:'F', 6:'G'}, columns={'出库数量':'销售数量', '出库金额':'销售金额'}, inplace=True)"。

代码运行结果如下：

	产品名称	销售数量	单价	销售金额
1				
2	A 离合器	10	20	200
3	B 操纵杆	20	60	1200
4	C 转速表	50	200	10000
5	D 里程表	600	280	168000
6	E 组合表	30	850	25500
7	F 缓速器	70	30	2100
8	G 胶垫	80	30	2400

6.4.3　set_index() 函数——将数据列设置为行标签

DataFrame 对象的 set_index() 函数用于将指定的数据列设置为行标签。其语法格式如下：

表达式.set_index(keys, drop, inplace)

参数说明：

表达式：一个 DataFrame 对象。

keys：指定要设置为行标签的数据列。参数值通常为一个列标签。

drop：指定设置后是否删除数据列。参数值为 True 或省略该参数表示删除数据列，参数值为 False 则表示保留数据列。

inplace：指定是否用更改行标签后的数据覆盖原来的数据。参数值为 False 或省略该参数表示不覆盖原来的数据，并返回一个新的 DataFrame 对象；参数值为 True 则表示覆盖原来的数据。

应用场景 1　将指定的数据列转换为行标签

◎ 代码文件：set_index()函数1.py

◎ 数据文件：统计表.xlsx

本案例要先从工作簿"统计表.xlsx"的第 1 个工作表中读取数据，再使用 set_index() 函数将"产品名称"列转换为行标签。演示代码如下：

```
1   import pandas as pd  # 导入pandas模块并简写为pd
2   data = pd.read_excel('F:\\python\\第6章\\统计表.xlsx', sheet_name=
    0)  # 读取工作簿中第1个工作表的数据
3   data = data.set_index(keys='产品名称')  # 将"产品名称"列转换为行标签
4   print(data)  # 输出更改行标签后的数据
```

第 3 行代码也可以修改为 "data.set_index(keys='产品名称', inplace=True)"。

代码运行结果如下：

	出库数量	单价	出库金额
产品名称			
离合器	10	20	200
操纵杆	20	60	1200
转速表	50	200	10000
里程表	600	280	168000
组合表	30	850	25500
缓速器	70	30	2100
胶垫	80	30	2400

应用场景 2　将指定的数据列设置为行标签并保留该列

◎ 代码文件：set_index()函数2.py
◎ 数据文件：统计表.xlsx

本案例要先从工作簿"统计表.xlsx"的第 1 个工作表中读取数据，再使用 set_index() 函数将"产品名称"列设置为行标签，并保留该列数据。演示代码如下：

```
1  import pandas as pd  # 导入pandas模块并简写为pd
2  data = pd.read_excel('F:\\python\\第6章\\统计表.xlsx', sheet_name=
   0)  # 读取工作簿中第1个工作表的数据
3  data = data.set_index(keys='产品名称', drop=False)  # 将"产品名称"
   列设置为行标签并保留该列数据
4  print(data)  # 输出更改行标签后的数据
```

第 3 行代码也可以修改为 "data.set_index(keys='产品名称', drop=False, inplace=True)"。
代码运行结果如下：

```
1           产品名称    出库数量      单价      出库金额
2  产品名称
3  离合器      离合器      10        20       200
4  操纵杆      操纵杆      20        60       1200
5  转速表      转速表      50        200      10000
6  里程表      里程表      600       280      168000
7  组合表      组合表      30        850      25500
8  缓速器      缓速器      70        30       2100
9  胶垫       胶垫       80        30       2400
```

6.4.4 reset_index() 函数——重置行标签

DataFrame 对象的 reset_index() 函数用于将行标签重置为从 0 开始的整数序列。其语法格式如下：

表达式.reset_index(drop, inplace)

参数说明：

表达式：一个 DataFrame 对象。

drop：指定重置行标签后是否将原行标签转换为数据列。参数值为 False 或省略该参数表示执行转换，参数值为 True 则表示抛弃原行标签。

inplace：指定是否用重置行标签后的数据覆盖原来的数据。参数值为 False 或省略该参数表示不覆盖原来的数据，并返回一个新的 DataFrame 对象；参数值为 True 则表示覆盖原来的数据。

应用场景　重置行标签并将原行标签转换为数据列

◎ 代码文件：reset_index()函数.py

◎ 数据文件：统计表.xlsx

本案例要先从工作簿"统计表.xlsx"的第 1 个工作表中读取数据，读取时指定一列作为行标签，再使用 reset_index() 函数重置行标签，并将原行标签转换为数据列。演示代码如下：

```
1   import pandas as pd   # 导入pandas模块并简写为pd
2   data = pd.read_excel('F:\\python\\第6章\\统计表.xlsx', sheet_name=
    0, index_col=0)   # 读取工作簿中第1个工作表的数据，并以第1列作为行标签
3   print(data)   # 输出读取的数据
4   print()   # 输出一个空行作为分隔
5   data = data.reset_index()   # 重置行标签，并将原行标签转换为数据列
6   print(data)   # 输出重置行标签后的数据
```

代码运行结果如下：

	出库数量	单价	出库金额
产品名称			
离合器	10	20	200
操纵杆	20	60	1200
转速表	50	200	10000
里程表	600	280	168000
组合表	30	850	25500
缓速器	70	30	2100

9		胶垫	80	30	2400
10					
11		产品名称	出库数量	单价	出库金额
12	0	离合器	10	20	200
13	1	操纵杆	20	60	1200
14	2	转速表	50	200	10000
15	3	里程表	600	280	168000
16	4	组合表	30	850	25500
17	5	缓速器	70	30	2100
18	6	胶垫	80	30	2400

6.5　数据的排序、选取和筛选

排序、选取和筛选是数据处理中相当常见的操作，本节将介绍如何使用 pandas 模块高效完成这些操作。

6.5.1　sort_values() 函数——数据排序

DataFrame 对象的 sort_values() 函数用于按照指定的行或列对数据进行升序或降序排列。其语法格式如下：

**表达式.sort_values(by, axis, ascending, inplace,
na_position, ignore_index)**

参数说明：

表达式：一个 DataFrame 对象。

by：指定作为排序依据的行或列。可以为单个行标签或列标签，也可以为由多个行标签或列标签组成的列表。

axis：指定要按行还是按列排序。参数值为 0 或省略该参数表示按列排序，即将参数 by 的值解析为列标签；参数值为 1 则表示按行排序，即将参数 by 的值解析为行标签。

ascending：指定排序方式。参数值为 True 或省略该参数表示升序排列，参数值为 False 则表示降序排列。如果要按照多行或多列排序并分别指定排序方式，可先将参数 by 的值设置为由多个行标签或列标签组成的列表，再将此参数的值设置为相同长度的列表，列表的元素为 True 或 False，代表各行或各列相应的排序方式。

inplace：指定是否用排序后的数据覆盖原来的数据。参数值为 False 或省略该参数表示不覆盖原来的数据，并返回一个新的 DataFrame 对象；参数值为 True 则表示覆盖原来的数据。

na_position：指定排序后缺失值的显示位置。参数值为 'last' 或省略该参数表示排序后将缺失值放在最后面，参数值为 'first' 则表示排序后将缺失值放在最前面。

ignore_index：参数值为 False 或省略该参数表示排序后不改变原行标签，参数值为 True 则表示将行标签重置为从 0 开始的整数序列。

由于办公应用中很少按行排序，下面的案例均为按列排序。

应用场景 1　按照单列对数据进行升序排列

◎ 代码文件：sort_values()函数1.py
◎ 数据文件：统计表.xlsx

本案例要先从工作簿 "统计表.xlsx" 的第 1 个工作表中读取数据，再使用 sort_values() 函数对读取的数据按照 "单价" 列进行升序排列。演示代码如下：

```
1  import pandas as pd  # 导入pandas模块并简写为pd
2  data = pd.read_excel('F:\\python\\第6章\\统计表.xlsx', sheet_name=0)  # 读取工作簿中第1个工作表的数据
3  a = data.sort_values(by=['单价'])  # 对读取的数据按照"单价"列进行升序排列
4  print(a)  # 输出排序后的数据
```

第 3 行代码等同于 "a = data.sort_values(by=['单价'], ascending=True)"。

代码运行结果如下：

		产品名称	出库数量	单价	出库金额
1					
2	0	离合器	10	20	200
3	5	缓速器	70	30	2100
4	6	胶垫	80	30	2400
5	1	操纵杆	20	60	1200
6	2	转速表	50	200	10000
7	3	里程表	600	280	168000
8	4	组合表	30	850	25500

应用场景 2　按照单列对数据进行降序排列

◎ 代码文件：sort_values()函数2.py
◎ 数据文件：统计表.xlsx

本案例要先从工作簿"统计表.xlsx"的第 1 个工作表中读取数据，再使用 sort_values() 函数对读取的数据按照"单价"列进行降序排列。演示代码如下：

```
1  import pandas as pd   # 导入pandas模块并简写为pd
2  data = pd.read_excel('F:\\python\\第6章\\统计表.xlsx', sheet_name=
   0)   # 读取工作簿中第1个工作表的数据
3  a = data.sort_values(by=['单价'], ascending=False)   # 对读取的数据按
   照"单价"列进行降序排列
4  print(a)   # 输出排序后的数据
```

代码运行结果如下：

		产品名称	出库数量	单价	出库金额
1					
2	4	组合表	30	850	25500

3	3	里程表	600	280	168000
4	2	转速表	50	200	10000
5	1	操纵杆	20	60	1200
6	5	缓速器	70	30	2100
7	6	胶垫	80	30	2400
8	0	离合器	10	20	200

应用场景 3 按照多列对数据进行降序排列

◎ 代码文件：sort_values()函数3.py
◎ 数据文件：统计表.xlsx

本案例要先从工作簿"统计表.xlsx"的第 1 个工作表中读取数据，再使用 sort_values() 函数对读取的数据按照"单价"列和"出库金额"列进行降序排列。演示代码如下：

```
1   import pandas as pd   # 导入pandas模块并简写为pd
2   data = pd.read_excel('F:\\python\\第6章\\统计表.xlsx', sheet_name=
    0)   # 读取工作簿中第1个工作表的数据
3   a = data.sort_values(by=['单价', '出库金额'], ascending=False)   # 先
    按"单价"列进行降序排列，当单价相同时按"出库金额"列进行降序排列
4   print(a)   # 输出排序后的数据
```

代码运行结果如下：

		产品名称	出库数量	单价	出库金额
1					
2	4	组合表	30	850	25500
3	3	里程表	600	280	168000
4	2	转速表	50	200	10000

5	1	操纵杆	20	60	1200
6	6	胶垫	80	30	2400
7	5	缓速器	70	30	2100
8	0	离合器	10	20	200

应用场景 4　按照多列以不同方式对数据进行排序

◎ 代码文件：sort_values()函数4.py
◎ 数据文件：统计表.xlsx

　　本案例要先从工作簿"统计表.xlsx"的第 1 个工作表中读取数据，再使用 sort_values() 函数对读取的数据按照"单价"列和"出库金额"列进行排序，排序方式分别为升序和降序。演示代码如下：

```
1   import pandas as pd   # 导入pandas模块并简写为pd
2   data = pd.read_excel('F:\\python\\第6章\\统计表.xlsx', sheet_name=
    0)   # 读取工作簿中第1个工作表的数据
3   a = data.sort_values(by=['单价', '出库金额'], ascending=[True,
    False])   # 先按"单价"列进行升序排列，当单价相同时按"出库金额"列进行
    降序排列
4   print(a)   # 输出排序后的数据
```

　　代码运行结果如下：

1		产品名称	出库数量	单价	出库金额
2	0	离合器	10	20	200
3	6	胶垫	80	30	2400
4	5	缓速器	70	30	2100

5	1	操纵杆	20	60	1200
6	2	转速表	50	200	10000
7	3	里程表	600	280	168000
8	4	组合表	30	850	25500

应用场景 5　对数据进行排序并设置缺失值的显示位置

◎ 代码文件：sort_values()函数5.py
◎ 数据文件：统计表1.xlsx

　　下图所示为工作簿"统计表 1.xlsx"的第 1 个工作表中的数据，可以看到"出库金额"列中存在缺失值。

	A	B	C	D	E
1	产品名称	出库数量	单价	出库金额	
2	离合器	10	20	200	
3	操纵杆	20	60	1200	
4	转速表	50	200	10000	
5	里程表	600	280		
6	组合表	30	850	25500	
7	缓速器	70	30	2100	
8	胶垫	80	30	2400	
9					

Sheet1　Sheet2　(+)

　　假设需要按照"出库金额"列对数据进行降序排列，并在排序后将缺失值放在列的最前面，可以通过设置 sort_values() 函数的参数 na_position 来实现。演示代码如下：

```
1  import pandas as pd  # 导入pandas模块并简写为pd
2  data = pd.read_excel('F:\\python\\第6章\\统计表1.xlsx', sheet_name=
   0)  # 读取工作簿中第1个工作表的数据
3  a = data.sort_values(by=['出库金额'], ascending=False, na_position=
   'first')  # 按照"出库金额"列对数据进行降序排列并将缺失值放在最前面
4  print(a)  # 输出排序后的数据
```

代码运行结果如下：

		产品名称	出库数量	单价	出库金额
1					
2	3	里程表	600	280	NaN
3	4	组合表	30	850	25500.0
4	2	转速表	50	200	10000.0
5	6	胶垫	80	30	2400.0
6	5	缓速器	70	30	2100.0
7	1	操纵杆	20	60	1200.0
8	0	离合器	10	20	200.0

如果要在排序后将缺失值放在列的最后面，可将第 3 行代码中的 'first' 更改为 'last'。

应用场景 6　对数据进行排序并重置行标签

◎ 代码文件：sort_values()函数6.py
◎ 数据文件：统计表.xlsx

本案例要先从工作簿"统计表.xlsx"的第 1 个工作表中读取数据，再使用 sort_values() 函数对读取的数据按照"出库金额"列进行降序排列，并通过设置参数 ignore_index 重置行标签。演示代码如下：

```
1  import pandas as pd  # 导入pandas模块并简写为pd
2  data = pd.read_excel('F:\\python\\第6章\\统计表.xlsx', sheet_name=
   0)  # 读取工作簿中第1个工作表的数据
3  a = data.sort_values(by=['出库金额'], ascending=False, ignore_index
   =True)  # 按照"出库金额"列对数据进行降序排列并重置行标签
4  print(a)  # 输出排序后的数据
```

代码运行结果如下：

	产品名称	出库数量	单价	出库金额
0	里程表	600	280	168000
1	组合表	30	850	25500
2	转速表	50	200	10000
3	胶垫	80	30	2400
4	缓速器	70	30	2100
5	操纵杆	20	60	1200
6	离合器	10	20	200

6.5.2 rank() 函数——获取数据的排名

DataFrame 对象和 Series 对象的 rank() 函数用于生成数据的排名。其语法格式如下：

表达式.rank(method, na_option, ascending)

参数说明：

表达式：一个 Series 对象（通常为从 DataFrame 对象中选取的单列数据）或 DataFrame 对象。

method：指定数据有重复值时的处理方式。参数值为 'average' 或省略该参数表示重复值的排名都取其自然排名的平均值，参数值为 'min' 或 'max' 分别表示重复值的排名都取其自然排名的最小值或最大值，参数值为 'first' 则表示越先出现的重复值排名越靠前。

na_option：指定数据有缺失值时的处理方式。参数值为 'keep' 或省略该参数表示缺失值的排名仍为缺失值，参数值为 'top' 表示将最低的排名值分配给缺失值，参数值为 'bottom' 则表示将最高的排名值分配给缺失值。

ascending：指定排序方式。参数值为 True 或省略该参数表示升序排列，参数值为 False 则表示降序排列。

应用场景 1 　排名时对重复值的自然排名取平均值

◎ 代码文件：rank()函数1.py

◎ 数据文件：统计表2.xlsx

下图所示为工作簿"统计表 2.xlsx"的第 1 个工作表中的数据。

	A	B	C	D	E
1	产品名称	出库数量	单价	出库金额	
2	离合器	10	20	200	
3	操纵杆	20	60	1200	
4	转速表	50	200	10000	
5	里程表	70	280	19600	
6	组合表	30	850	25500	
7	缓速器	70	30	2100	
8	胶垫	80	30	2400	
9					

Sheet1 Sheet2 ⊕

下面使用 rank() 函数对"出库数量"列的数据进行降序排名，遇到重复值时，以重复值的自然排名的平均值作为重复值的排名。演示代码如下：

```
import pandas as pd  # 导入pandas模块并简写为pd
data = pd.read_excel('F:\\python\\第6章\\统计表2.xlsx', sheet_name=0)  # 读取工作簿中第1个工作表的数据
a = data['出库数量'].rank(method='average', ascending=False)  # 对"出库数量"列进行降序排名，对重复值的自然排名取平均值
print(a)  # 输出排名结果
```

代码运行结果如下：

```
0    7.0
1    6.0
2    4.0
3    2.5
4    5.0
5    2.5
6    1.0
Name: 出库数量, dtype: float64
```

结合工作表数据和运行结果可以看出，行标签为 3 和 5 的值是重复值，降序排名时它们的

自然排名分别为 2 和 3，那么就将 2 和 3 的平均值 2.5 作为它们的最终排名。

应用场景 2　排名时让越先出现的重复值排名越靠前

◎ 代码文件：rank()函数2.py
◎ 数据文件：统计表2.xlsx

本案例要使用 rank() 函数对"出库数量"列的数据进行降序排名，遇到重复值时，让越先出现的重复值排名越靠前。演示代码如下：

```
1  import pandas as pd   # 导入pandas模块并简写为pd
2  data = pd.read_excel('F:\\python\\第6章\\统计表2.xlsx', sheet_name=0)   # 读取工作簿中第1个工作表的数据
3  a = data['出库数量'].rank(method='first', ascending=False)   # 对"出库数量"列的数据进行降序排名，让越先出现的重复值排名越靠前
4  print(a)   # 输出排名结果
```

代码运行结果如下：

```
1  0    7.0
2  1    6.0
3  2    4.0
4  3    2.0
5  4    5.0
6  5    3.0
7  6    1.0
8  Name: 出库数量, dtype: float64
```

应用场景 3　排名时让缺失值排名最靠前

◎ 代码文件：rank()函数3.py
◎ 数据文件：统计表3.xlsx

下图所示为工作簿"统计表 3.xlsx"的第 1 个工作表中的数据，可以看到"出库数量"列中存在缺失值。

	A	B	C	D	E
1	产品名称	出库数量	单价	出库金额	
2	离合器	10	20	200	
3	操纵杆	20	60	1200	
4	转速表		200	0	
5	里程表	70	280	19600	
6	组合表	30	850	25500	
7	缓速器	70	30	2100	
8	胶垫	80	30	2400	
9					

Sheet1　Sheet2　(+)

假设要对该列数据进行升序排名，且将缺失值排在最前面，可通过设置 rank() 函数的参数 na_option 来实现。演示代码如下：

```
1    import pandas as pd   # 导入pandas模块并简写为pd
2    data = pd.read_excel('F:\\python\\第6章\\统计表3.xlsx', sheet_name=
     0)   # 读取工作簿中第1个工作表的数据
3    a = data['出库数量'].rank(na_option='top')   # 对"出库数量"列的数据
     进行升序排名，让缺失值排名最靠前
4    print(a)   # 输出排名结果
```

代码运行结果如下：

```
1    0    2.0
2    1    3.0
3    2    1.0
```

```
4    3     5.5
5    4     4.0
6    5     5.5
7    6     7.0
8    Name: 出库数量, dtype: float64
```

6.5.3　loc 属性——按标签选取数据

DataFrame 对象的 loc 属性用于按行标签或列标签选取数据。其语法格式如下：

表达式.loc[行标签, 列标签]

参数说明：

表达式：一个 DataFrame 对象。

行标签、列标签：可以用多种形式给出，后面会结合具体案例进行讲解。如果不想指定行标签，不能直接省略该参数，而要设置为 ":"。如果不想指定列标签，可以直接省略该参数。

应用场景 1　选取单行数据

◎ 代码文件：loc属性1.py
◎ 数据文件：统计表4.xlsx

下图所示为工作簿"统计表 4.xlsx"的第 1 个工作表中的数据。

	A	B	C	D	E	F
1	产品编号	产品名称	出库数量	单价	出库金额	
2	A001	离合器	10	20	200	
3	A002	操纵杆	20	60	1200	
4	A003	转速表	50	200	10000	
5	A004	里程表	600	280	168000	
6	A005	组合表	30	850	25500	
7	A006	缓速器	70	30	2100	
8	A007	胶垫	80	30	2400	
9						

Sheet1　Sheet2　（+）

　　假设在读取该工作表数据时将"产品编号"列设置为行标签,下面使用 loc 属性选取行标签为"A003"的数据。演示代码如下:

```
1  import pandas as pd  # 导入pandas模块并简写为pd
2  data = pd.read_excel('F:\\python\\第6章\\统计表4.xlsx', sheet_name=
   0, index_col=0)  # 读取工作簿中第1个工作表的数据
3  a = data.loc['A003']  # 选取行标签为"A003"的数据
4  print(a)  # 输出选取的数据
```

　　从第 3 行代码可以看出,用 loc 属性选取单行时,在"[]"中输入单个行标签即可。如果要选取单列,如"单价"列,可将第 3 行代码修改为"a = data.loc[:, '单价']"或"a = data['单价']"。
　　代码运行结果如下:

```
1  产品名称      转速表
2  出库数量      50
3  单价         200
4  出库金额      10000
5  Name: A003, dtype: object
```

应用场景 2　　选取不连续的多行数据

　　◎ 代码文件: loc属性2.py
　　◎ 数据文件: 统计表4.xlsx

　　本案例要使用 loc 属性选取行标签为"A003"和"A005"的数据。演示代码如下:

```
1  import pandas as pd  # 导入pandas模块并简写为pd
2  data = pd.read_excel('F:\\python\\第6章\\统计表4.xlsx', sheet_name=
   0, index_col=0)  # 读取工作簿中第1个工作表的数据
```

```
3    a = data.loc[['A003', 'A005']]   # 选取行标签为"A003"和"A005"的
     数据
4    print(a)   # 输出选取的数据
```

　　从第 3 行代码可以看出,用 loc 属性选取不连续的多行时,要将多个行标签以列表的形式传入。如果要选取不连续的多列,如"产品名称"列和"出库金额"列,可将第 3 行代码修改为"a = data.loc[:, ['产品名称', '出库金额']]"或"a = data[['产品名称', '出库金额']]"。

　　代码运行结果如下:

	产品名称	出库数量	单价	出库金额
2 产品编号				
3 A003	转速表	50	200	10000
4 A005	组合表	30	850	25500

应用场景 3　选取连续的多行数据

◎ 代码文件: loc属性3.py
◎ 数据文件: 统计表4.xlsx

　　本案例要使用 loc 属性选取行标签从"A003"到"A005"的数据。演示代码如下:

```
1    import pandas as pd   # 导入pandas模块并简写为pd
2    data = pd.read_excel('F:\\python\\第6章\\统计表4.xlsx', sheet_name=
     0, index_col=0)   # 读取工作簿中第1个工作表的数据
3    a = data.loc['A003':'A005']   # 选取行标签从"A003"到"A005"的数据
4    print(a)   # 输出选取的数据
```

　　从第 3 行代码可以看出,用 loc 属性选取连续的多行时,可通过类似列表切片的形式传入行标签的起止值。需要注意的是,行标签的起止值不能存在重复值,否则运行时会报错。

如果要选取连续的多列，如"产品名称"列到"单价"列，可将第 3 行代码修改为"a = data.loc[:, '产品名称':'单价']"。

代码运行结果如下：

		产品名称	出库数量	单价	出库金额
1					
2	产品编号				
3	A003	转速表	50	200	10000
4	A004	里程表	600	280	168000
5	A005	组合表	30	850	25500

从运行结果可以看出，与列表切片区间的"左闭右开"不同，loc 属性返回的结果既包括起始行标签也包括结束行标签。

应用场景 4　同时选取多行和多列数据

◎ 代码文件：loc属性4.py
◎ 数据文件：统计表4.xlsx

本案例要使用 loc 属性同时选取指定的多行和多列数据。演示代码如下：

```
1   import pandas as pd   # 导入pandas模块并简写为pd
2   data = pd.read_excel('F:\\python\\第6章\\统计表4.xlsx', sheet_name=
    0, index_col=0)   # 读取工作簿中第1个工作表的数据
3   a = data.loc[['A003', 'A005'], ['产品名称', '出库金额']]   # 选取行标
    签为"A003"和"A005"并且列标签为"产品名称"和"出库金额"的数据
4   print(a)   # 输出选取的数据
```

第 3 行代码以不连续选取的方式指定了行标签和列标签。如果要进行其他方式的选取，可参照前几个案例修改参数。

代码运行结果如下：

	产品名称	出库金额
产品编号		
A003	转速表	10000
A005	组合表	25500

6.5.4　iloc 属性——按索引号选取数据

DataFrame 对象的 iloc 属性用于按照行索引号或列索引号（均从 0 开始计数）来选取数据。其语法格式如下：

表达式.iloc[行索引号, 列索引号]

参数说明：

表达式：一个 DataFrame 对象。

行索引号、列索引号：可以用多种形式给出，后面会结合具体案例进行讲解。如果不想指定行索引号，不能直接省略该参数，而要设置为 ":"。如果不想指定列索引号，可以直接省略该参数。

 应用场景 1　选取单行数据

◎ 代码文件：iloc属性1.py
◎ 数据文件：统计表4.xlsx

仍以工作簿"统计表 4.xlsx"的第 1 个工作表中的数据为例，本案例要使用 iloc 属性选取行索引号为 2（即第 3 行）的数据。演示代码如下：

```
1  import pandas as pd  # 导入pandas模块并简写为pd
2  data = pd.read_excel('F:\\python\\第6章\\统计表4.xlsx', sheet_name=
   0, index_col=0)  # 读取工作簿中第1个工作表的数据
3  a = data.iloc[2]  # 选取行索引号为2的数据
4  print(a)  # 输出选取的数据
```

代码运行结果如下：

```
1  产品名称        转速表
2  出库数量        50
3  单价           200
4  出库金额        10000
5  Name: A003, dtype: object
```

应用场景 2   选取不连续的多行数据

◎ 代码文件：iloc属性2.py
◎ 数据文件：统计表4.xlsx

本案例要使用 iloc 属性选取行索引号为 2 和 4（即第 3 行和第 5 行）的数据。演示代码如下：

```python
1  import pandas as pd   # 导入pandas模块并简写为pd
2  data = pd.read_excel('F:\\python\\第6章\\统计表4.xlsx', sheet_name=
   0, index_col=0)   # 读取工作簿中第1个工作表的数据
3  a = data.iloc[[2, 4]]   # 选取行索引号为2和4的数据
4  print(a)   # 输出选取的数据
```

从第 3 行代码可以看出，用 iloc 属性选取不连续的多行时，要将多个行索引号用列表的形式给出。

代码运行结果如下：

	产品名称	出库数量	单价	出库金额
产品编号				
A003	转速表	50	200	10000
A005	组合表	30	850	25500

应用场景 3　选取连续的多行数据

◎ 代码文件：iloc属性3.py
◎ 数据文件：统计表4.xlsx

本案例要使用 iloc 属性选取行索引号为 2～4（即第 3～5 行）的数据。演示代码如下：

```
1    import pandas as pd    # 导入pandas模块并简写为pd
2    data = pd.read_excel('F:\\python\\第6章\\统计表4.xlsx', sheet_name=
     0, index_col=0)    # 读取工作簿中第1个工作表的数据
3    a = data.iloc[2:5]    # 选取行索引号为2～4的数据
4    print(a)    # 输出选取的数据
```

从第 3 行代码可以看出，用 iloc 属性选取连续的多行时，可通过类似列表切片的形式传入行索引号的起止值。需要注意的是，iloc 属性会按照"左闭右开"的规则处理行索引号的区间。例如，"2:5"表示选取行索引号为 2～4 的行，而不是行索引号为 2～5 的行。

代码运行结果如下：

```
1              产品名称    出库数量    单价      出库金额
2    产品编号
3    A003      转速表      50      200      10000
4    A004      里程表      600     280      168000
5    A005      组合表      30      850      25500
```

应用场景 4　选取不连续的多列数据

◎ 代码文件：iloc属性4.py
◎ 数据文件：统计表4.xlsx

本案例要使用 iloc 属性选取列索引号为 0 和 2（即第 1 列和第 3 列）的数据。演示代码如下：

```
1  import pandas as pd  # 导入pandas模块并简写为pd
2  data = pd.read_excel('F:\\python\\第6章\\统计表4.xlsx', sheet_name=
   0, index_col=0)  # 读取工作簿中第1个工作表的数据
3  a = data.iloc[:, [0, 2]]  # 选取列索引号为0和2的数据
4  print(a)  # 输出选取的数据
```

因为这里无须指定行索引号，所以第 3 行代码中将行索引号设置为 "："。多个不连续的列索引号用列表的形式给出。

代码运行结果如下：

```
1          产品名称      单价
2  产品编号
3  A001    离合器       20
4  A002    操纵杆       60
5  A003    转速表       200
6  A004    里程表       280
7  A005    组合表       850
8  A006    缓速器       30
9  A007    胶垫        30
```

应用场景 5　选取连续的多列数据

◎ 代码文件：iloc属性5.py
◎ 数据文件：统计表4.xlsx

本案例要使用 iloc 属性选取列索引号为 0～2（即第 1～3 列）的数据。演示代码如下：

```
1   import pandas as pd   # 导入pandas模块并简写为pd
2   data = pd.read_excel('F:\\python\\第6章\\统计表4.xlsx', sheet_name=
    0, index_col=0)   # 读取工作簿中第1个工作表的数据
3   a = data.iloc[:, 0:3]   # 选取列索引号为0~2的数据
4   print(a)   # 输出选取的数据
```

因为这里无须指定行索引号，所以第3行代码中将行索引号设置为"："。多个连续的列索引号用列表切片的形式给出，并且遵循"左闭右开"的规则。

代码运行结果如下：

```
1              产品名称        出库数量        单价
2   产品编号
3   A001       离合器          10           20
4   A002       操纵杆          20           60
5   A003       转速表          50           200
6   A004       里程表          600          280
7   A005       组合表          30           850
8   A006       缓速器          70           30
9   A007       胶垫            80           30
```

应用场景 6   同时选取不连续的多行和多列数据

◎ 代码文件：iloc属性6.py
◎ 数据文件：统计表4.xlsx

本案例要使用 iloc 属性选取行索引号为 2 和 4 并且列索引号为 0 和 3 的数据。演示代码如下：

```
1   import pandas as pd   # 导入pandas模块并简写为pd
```

```
2   data = pd.read_excel('F:\\python\\第6章\\统计表4.xlsx', sheet_name=
    0, index_col=0)  # 读取工作簿中第1个工作表的数据
3   a = data.iloc[[2, 4], [0, 3]]  # 选取行索引号为2和4并且列索引号为0和3
    的数据
4   print(a)  # 输出选取的数据
```

第3行代码中同时指定了行和列的索引号，多个不连续的索引号用列表的形式给出。

代码运行结果如下：

```
1            产品名称      出库金额
2   产品编号
3   A003       转速表        10000
4   A005       组合表        25500
```

应用场景 7　同时选取连续的多行和多列数据

◎ 代码文件：iloc属性7.py
◎ 数据文件：统计表4.xlsx

本案例要使用 iloc 属性选取行索引号为 2～4 并且列索引号为 0～2 的数据。演示代码如下：

```
1   import pandas as pd  # 导入pandas模块并简写为pd
2   data = pd.read_excel('F:\\python\\第6章\\统计表4.xlsx', sheet_name=
    0, index_col=0)  # 读取工作簿中第1个工作表的数据
3   a = data.iloc[2:5, 0:3]  # 选取行索引号为2～4并且列索引号为0～2的数据
4   print(a)  # 输出选取的数据
```

第3行代码中同时指定了行和列的索引号，多个连续的索引号用列表切片的形式给出，并且遵循"左闭右开"的规则。

代码运行结果如下：

		产品名称	出库数量	单价
1				
2	产品编号			
3	A003	转速表	50	200
4	A004	里程表	600	280
5	A005	组合表	30	850

6.5.5 逻辑表达式——按条件筛选数据

除了根据标签和索引号选取数据，pandas 模块还支持根据逻辑表达式筛选数据。其基本语法格式如下：

表达式[逻辑表达式]

参数说明：

表达式：一个 DataFrame 对象。

逻辑表达式：构造逻辑表达式时使用的比较运算符是 Python 的比较运算符（>、<、==、!=、>=、<=），使用的逻辑运算符则是 pandas 模块特有的"与"运算符"&"、"或"运算符"|"、"非"运算符"~"。后面会结合具体案例进行讲解。

下图所示为工作簿"销售表.xlsx"的第 1 个工作表中的数据表的部分内容。下面的案例将从该工作表中读取数据，并用不同的条件筛选数据。

	A	B	C	D	E	F
1	销售日期	产品名称	成本价	销售价	销售数量	
2	2020/1/1	离合器	¥20	¥55	60	
3	2020/1/2	操纵杆	¥60	¥109	45	
4	2020/1/3	转速表	¥200	¥350	50	
5	2020/1/4	离合器	¥20	¥55	23	
6	2020/1/5	里程表	¥850	¥1,248	26	
7	2020/1/6	操纵杆	¥60	¥109	85	
8	2020/1/7	转速表	¥200	¥350	78	
9	2020/1/8	转速表	¥200	¥350	100	
10	2020/1/9	离合器	¥20	¥55	25	
11	2020/1/10	转速表	¥200	¥350	750	
12	2020/1/11	组合表	¥850	¥1,248	63	
13	2020/1/12	操纵杆	¥60	¥109	55	
14	2020/1/13	离合器	¥20	¥55	69	
15	2020/1/14	组合表	¥850	¥1,248	600	

Sheet1

就绪

应用场景 1　用单个条件筛选数据

◎ 代码文件：逻辑表达式1.py
◎ 数据文件：销售表.xlsx

本案例要筛选"产品名称"为"里程表"的数据。演示代码如下：

```
1    import pandas as pd  # 导入pandas模块并简写为pd
2    data = pd.read_excel('F:\\python\\第6章\\销售表.xlsx', sheet_name=
     0)  # 读取工作簿中第1个工作表的数据
3    a = data[data['产品名称'] == '里程表']  # 筛选"产品名称"列的值等于
     "里程表"的数据
4    print(a)  # 输出筛选出的数据
```

第 3 行代码先从 DataFrame 中选取单列，然后使用比较运算符"=="构造逻辑表达式。
代码运行结果如下：

		销售日期	产品名称	成本价	销售价	销售数量
1						
2	4	2020-01-05	里程表	850	1248	26
3	15	2020-01-16	里程表	850	1248	52
4	18	2020-01-19	里程表	850	1248	45
5	22	2020-01-23	里程表	850	1248	89
6	28	2020-01-29	里程表	850	1248	50

应用场景 2　用组合条件筛选数据

◎ 代码文件：逻辑表达式2.py
◎ 数据文件：销售表.xlsx

本案例要筛选"产品名称"为"操纵杆"且"销售数量"大于 60 的数据。演示代码如下：

```
1    import pandas as pd   # 导入pandas模块并简写为pd
2    data = pd.read_excel('F:\\python\\第6章\\销售表.xlsx', sheet_name=
     0)   # 读取工作簿中第1个工作表的数据
3    a = data[(data['产品名称'] == '操纵杆') & (data['销售数量'] > 60)]   # 筛
     选"产品名称"列的值等于"操纵杆"且"销售数量"列的值大于60的数据
4    print(a)   # 输出筛选出的数据
```

第 3 行代码中构造了两个筛选条件，并用逻辑运算符"&"连接起来，构成组合条件。需要注意的是，逻辑运算符前后的条件表达式必须分别用括号括起来。

代码运行结果如下：

		销售日期	产品名称	成本价	销售价	销售数量
1						
2	5	2020-01-06	操纵杆	60	109	85
3	25	2020-01-26	操纵杆	60	109	80
4	27	2020-01-28	操纵杆	60	109	66

应用场景 3　通过筛选去除符合条件的数据

◎ 代码文件：逻辑表达式3.py
◎ 数据文件：销售表.xlsx

本案例要通过筛选，将"产品名称"为"里程表"或"操纵杆"的数据去除。演示代码如下：

```
1    import pandas as pd   # 导入pandas模块并简写为pd
2    data = pd.read_excel('F:\\python\\第6章\\销售表.xlsx', sheet_name=
     0)   # 读取工作簿中第1个工作表的数据
3    a = data[~((data['产品名称'] == '里程表') | (data['产品名称'] == '操
```

```
    纵杆')]   # 将"产品名称"列的值等于"里程表"或"操纵杆"的数据去除
4   print(a)  # 输出筛选出的数据
```

第 3 行代码中先构造了两个筛选条件，并用逻辑运算符"|"连接起来，构成一个组合条件，表示筛选"产品名称"列的值等于"里程表"或"操纵杆"的数据。再用逻辑运算符"~"对这个组合条件取反，即可达到将符合条件的数据去除的目的。

代码运行结果如下：

		销售日期	产品名称	成本价	销售价	销售数量
2	0	2020-01-01	离合器	20	55	60
3	2	2020-01-03	转速表	200	350	50
4	3	2020-01-04	离合器	20	55	23
5	6	2020-01-07	转速表	200	350	78
6	7	2020-01-08	转速表	200	350	100
7	8	2020-01-09	离合器	20	55	25
8	9	2020-01-10	转速表	200	350	750
9	10	2020-01-11	组合表	850	1248	63
10	12	2020-01-13	离合器	20	55	69
11	13	2020-01-14	组合表	850	1248	600
12	14	2020-01-15	转速表	200	350	45
13	16	2020-01-17	组合表	850	1248	20
14	19	2020-01-20	组合表	850	1248	63
15	20	2020-01-21	离合器	20	55	55
16	21	2020-01-22	组合表	850	1248	60
17	23	2020-01-24	组合表	850	1248	78
18	24	2020-01-25	转速表	200	350	70
19	26	2020-01-27	离合器	20	55	56
20	29	2020-01-30	组合表	850	1248	20

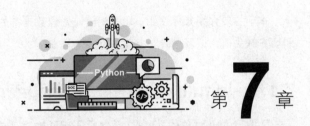

第 **7** 章

数据处理进阶操作

　　本章主要讲解如何使用 pandas 模块完成数据处理的进阶操作，包括缺失值和重复值的处理、数据类型转换、数据查找和替换、数据表合并和统计运算等。这些进阶操作涉及的属性和函数等语法知识并不复杂，理解之后就能熟练运用。

7.1 处理缺失值和重复值

本节主要介绍如何使用 pandas 模块处理数据中的缺失值和重复值，包括查看缺失值、删除和填充缺失值，以及删除重复值和获取唯一值。

7.1.1 isnull() 函数——判断和统计缺失值

DataFrame 对象的 isnull() 函数用于判断数据表中的值是否为缺失值，并相应标记为 True 或 False。其语法格式如下：

$$表达式.isnull()$$

参数说明：

表达式：一个 DataFrame 对象。

应用场景 1　判断数据中的缺失值

◎ 代码文件：isnull()函数1.py
◎ 数据文件：员工档案表.xlsx

下图所示为工作簿"员工档案表.xlsx"的第 1 个工作表中的数据表。

	A	B	C	D	E	F	G
1	员工编号	姓名	性别	部门	联系方式	入职时间	
2	A001	孔**	女	财务部	187****8989	2015/1/5	
3	A002	李**	男	销售部	136****9696	2019/4/5	
4	A003	钱**	女	销售部	132****8547	2016/5/8	
5	A004	孙**	男	财务部		2010/5/6	
6	A005	冯**	男	行政部	177****4545	2014/6/9	
7	A006	陈**	女	采购部		2016/5/9	
8	A007	程**	男	销售部	181****5252	2017/10/6	
9							

Sheet1　Sheet2　⊕

下面使用 isnull() 函数判断该数据表中的哪个值是缺失值。演示代码如下：

```
1    import pandas as pd    # 导入pandas模块并简写为pd
```

```
2   data = pd.read_excel('F:\\python\\第7章\\员工档案表.xlsx', sheet_
    name=0)  # 读取工作簿中第1个工作表的数据
3   a = data.isnull()  # 判断所读取的数据中是否有缺失值
4   print(a)  # 输出判断结果
```

代码运行结果如下：

		员工编号	姓名	性别	部门	联系方式	入职时间
1							
2	0	False	False	False	False	False	False
3	1	False	False	False	False	False	False
4	2	False	False	False	False	False	False
5	3	False	False	False	False	True	False
6	4	False	False	False	False	False	False
7	5	False	False	False	False	True	False
8	6	False	False	False	False	False	False

从运行结果可以看出，"联系方式"列中有两个值被标记为 True，说明这两个值为缺失值。

应用场景 2　统计每列数据中缺失值的数量

◎ 代码文件：isnull()函数2.py
◎ 数据文件：员工档案表.xlsx

假设要在工作簿"员工档案表.xlsx"的第 1 个工作表中统计每列数据有多少个缺失值，可以结合使用 isnull() 函数和 sum() 函数来实现。演示代码如下：

```
1   import pandas as pd  # 导入pandas模块并简写为pd
2   data = pd.read_excel('F:\\python\\第7章\\员工档案表.xlsx', sheet_
    name=0)  # 读取工作簿中第1个工作表的数据
```

```
3   a = data.isnull().sum()   # 统计每列数据中缺失值的数量
4   print(a)   # 输出统计结果
```

代码运行结果如下：

```
1   员工编号         0
2   姓名            0
3   性别            0
4   部门            0
5   联系方式         2
6   入职时间         0
7   dtype: int64
```

从运行结果可以看出，"联系方式"列中有两个缺失值。

7.1.2　dropna() 函数——删除缺失值

DataFrame 对象的 dropna() 函数用于删除含有缺失值的行或列。其语法格式如下：

表达式.dropna(axis, how, thresh, subset, inplace)

参数说明：

表达式：一个 DataFrame 对象。

axis：指定删除含有缺失值的行或列。参数值为 0 或省略该参数表示删除含有缺失值的行，参数值为 1 则表示删除含有缺失值的列。

how：指定删除的方式。如果参数值为 'any' 或省略该参数，表示只要行或列含有缺失值，就删除该行或该列；如果参数值为 'all'，则表示只有当行或列的所有值都为缺失值时，才删除该行或该列。

thresh：指定对非缺失值数量的最小要求。例如，当该参数值为 3 时，表示保留至少含有 3 个非缺失值的行或列。

subset：当参数 axis 被设置为要删除含有缺失值的行时，用参数 subset 限定要在哪些列中查找缺失值；当参数 axis 被设置为要删除含有缺失值的列时，用参数 subset 限定要在哪些行中查找缺失值。

inplace：指定是否用删除缺失值后的数据覆盖原来的数据。参数值为 False 或省略该参数表示不覆盖原来的数据，并返回一个新的 DataFrame 对象；参数值为 True 则表示覆盖原来的数据。

应用场景 1　删除含有缺失值的行

◎ 代码文件：dropna()函数1.py
◎ 数据文件：员工档案表.xlsx

本案例要先从工作簿"员工档案表.xlsx"的第 1 个工作表中读取数据，再使用 dropna() 函数删除含有缺失值的行。演示代码如下：

```
1    import pandas as pd  # 导入pandas模块并简写为pd
2    data = pd.read_excel('F:\\python\\第7章\\员工档案表.xlsx', sheet_
     name=0)  # 读取工作簿中第1个工作表的数据
3    a = data.dropna()  # 删除含有缺失值的行
4    print(a)  # 输出处理后的数据
```

第 3 行代码等同于 "a = data.dropna(axis=0)"。

代码运行结果如下：

```
1       员工编号    姓名   性别   部门    联系方式        入职时间
2    0  A001    孔**   女    财务部   187****8989   2015-01-05
3    1  A002    李**   男    销售部   136****9696   2019-04-05
4    2  A003    钱**   女    销售部   132****8547   2016-05-08
5    4  A005    冯**   男    行政部   177****4545   2014-06-09
6    6  A007    程**   男    销售部   181****5252   2017-10-06
```

从运行结果可以看出，含有缺失值的行都被删除了。

应用场景 2 删除含有缺失值的列

◎ 代码文件：dropna()函数2.py
◎ 数据文件：员工档案表.xlsx

本案例要先从工作簿"员工档案表.xlsx"的第 1 个工作表中读取数据，再使用 dropna() 函数删除含有缺失值的列。演示代码如下：

```
1  import pandas as pd  # 导入pandas模块并简写为pd
2  data = pd.read_excel('F:\\python\\第7章\\员工档案表.xlsx', sheet_
   name=0)  # 读取工作簿中第1个工作表的数据
3  a = data.dropna(axis=1)  # 删除含有缺失值的列
4  print(a)  # 输出处理后的数据
```

代码运行结果如下：

	员工编号	姓名	性别	部门	入职时间
0	A001	孔**	女	财务部	2015-01-05
1	A002	李**	男	销售部	2019-04-05
2	A003	钱**	女	销售部	2016-05-08
3	A004	孙**	男	财务部	2010-05-06
4	A005	冯**	男	行政部	2014-06-09
5	A006	陈**	女	采购部	2016-05-09
6	A007	程**	男	销售部	2017-10-06

从运行结果可以看出，含有缺失值的列都被删除了。

应用场景 3　删除整行都为缺失值的行

◎ 代码文件：dropna()函数3.py
◎ 数据文件：档案表.xlsx

下图所示为工作簿"档案表.xlsx"的第 1 个工作表中的数据表。

	A	B	C	D	E	F	G
1	员工编号	姓名	性别	部门	联系方式	入职时间	
2	A001	孔**	女	财务部	187****8989	2015/1/5	
3	A002	李**	男	销售部	136****9696	2019/4/5	
4	A003	钱**	女	销售部	132****8547	2016/5/8	
5							
6	A005	冯**	男	行政部	177****4545	2014/6/9	
7	A006	陈**	女	采购部		2016/5/9	
8	A007	程**	男	销售部	181****5252	2017/10/6	
9							

Sheet1　Sheet2　⊕

下面先从该工作表中读取数据，再通过设置 dropna() 函数的参数 how，删除整行都为缺失值的行。演示代码如下：

```
1  import pandas as pd  # 导入pandas模块并简写为pd
2  data = pd.read_excel('F:\\python\\第7章\\档案表.xlsx', sheet_
   name=0)  # 读取工作簿中第1个工作表的数据
3  a = data.dropna(how='all')  # 删除整行都为缺失值的行
4  print(a)  # 输出处理后的数据
```

代码运行结果如下：

```
1     员工编号    姓名    性别   部门    联系方式         入职时间
2  0  A001    孔**   女    财务部   187****8989   2015-01-05
3  1  A002    李**   男    销售部   136****9696   2019-04-05
4  2  A003    钱**   女    销售部   132****8547   2016-05-08
```

5	4	A005	冯**	男	行政部	177****4545	2014-06-09
6	5	A006	陈**	女	采购部	NaN	2016-05-09
7	6	A007	程**	男	销售部	181****5252	2017-10-06

从运行结果可以看出，整行都为缺失值的行被删除了，而只有部分值缺失的行会被保留。

应用场景 4　保留含有指定数量非缺失值的行

◎ 代码文件：dropna()函数4.py
◎ 数据文件：员工档案表1.xlsx

下图所示为工作簿"员工档案表1.xlsx"的第1个工作表中的数据表。

	A	B	C	D	E	F	G
1	员工编号	姓名	性别	部门	联系方式	入职时间	
2	A001	孔**	女		187****8989	2015/1/5	
3	A002	李**	男	销售部	136****9696	2019/4/5	
4	A003	钱**	女	销售部	132****8547	2016/5/8	
5	A004	孙**	男	财务部		2010/5/6	
6	A005	冯**	男		177****4545	2014/6/9	
7	A006	陈**	女	采购部		2016/5/9	
8	A007	程**	男	销售部	181****5252	2017/10/6	
9							

Sheet1　Sheet2　（+）

下面先从该工作表中读取数据，再通过设置 dropna() 函数的参数 thresh，在删除缺失值时保留含有指定数量非缺失值的行。演示代码如下：

```
1   import pandas as pd  # 导入pandas模块并简写为pd
2   data = pd.read_excel('F:\\python\\第7章\\员工档案表1.xlsx', sheet_
    name=0)  # 读取工作簿中第1个工作表的数据
3   a = data.dropna(thresh=6)  # 删除缺失值，并保留至少含有6个非缺失值的行
4   print(a)  # 输出处理后的数据
```

代码运行结果如下：

1		员工编号	姓名	性别	部门	联系方式	入职时间
2	1	A002	李**	男	销售部	136****9696	2019-04-05
3	2	A003	钱**	女	销售部	132****8547	2016-05-08
4	6	A007	程**	男	销售部	181****5252	2017-10-06

 应用场景 5　将在指定列中存在缺失值的行删除

 ◎ 代码文件：dropna()函数5.py
◎ 数据文件：员工档案表1.xlsx

　　本案例要先从工作簿"员工档案表1.xlsx"的第 1 个工作表中读取数据,再通过设置 dropna() 函数的参数 subset, 将在指定列中存在缺失值的行删除。演示代码如下:

```
1  import pandas as pd  # 导入pandas模块并简写为pd
2  data = pd.read_excel('F:\\python\\第7章\\员工档案表1.xlsx', sheet_
   name=0)  # 读取工作簿中第1个工作表的数据
3  a = data.dropna(subset=['部门'])  # 删除"部门"列中存在缺失值的行
4  print(a)  # 输出处理后的数据
```

　　代码运行结果如下。从运行结果可以看出,"部门"列中存在缺失值的行被删除了,而"联系方式"列中存在缺失值的行未被删除。

1		员工编号	姓名	性别	部门	联系方式	入职时间
2	1	A002	李**	男	销售部	136****9696	2019-04-05
3	2	A003	钱**	女	销售部	132****8547	2016-05-08
4	3	A004	孙**	男	财务部	NaN	2010-05-06
5	5	A006	陈**	女	采购部	NaN	2016-05-09
6	6	A007	程**	男	销售部	181****5252	2017-10-06

7.1.3 fillna() 函数——填充缺失值

DataFrame 对象的 fillna() 函数用于以指定的方式填充缺失值。其语法格式如下：

表达式.fillna(value, method, inplace)

参数说明：

表达式：一个 DataFrame 对象。

value：指定用于填充缺失值的值。可以是单个值，也可以用字典的形式为不同的列分别指定不同的填充值。

method：如果省略了参数 value，可以通过设置参数 method，用缺失值上方或下方的值来填充缺失值。参数值为 'backfill' 或 'bfill' 表示用缺失值下方的值来填充缺失值，参数值为 'ffill' 则表示用缺失值上方的值来填充缺失值。

inplace：指定是否用填充缺失值后的数据覆盖原来的数据。参数值为 False 或省略该参数表示不覆盖原来的数据，并返回一个新的 DataFrame 对象；参数值为 True 则表示覆盖原来的数据。

应用场景 1   将所有缺失值填充为"无"

◎ 代码文件：fillna()函数1.py
◎ 数据文件：员工档案表1.xlsx

下图所示为工作簿"员工档案表 1.xlsx"的第 1 个工作表中的数据表，可看到"部门"列和"联系方式"列都存在缺失值。

	A	B	C	D	E	F	G
1	员工编号	姓名	性别	部门	联系方式	入职时间	
2	A001	孔**	女		187****8989	2015/1/5	
3	A002	李**	男	销售部	136****9696	2019/4/5	
4	A003	钱**	女	销售部	132****8547	2016/5/8	
5	A004	孙**	男	财务部		2010/5/6	
6	A005	冯**	男		177****4545	2014/6/9	
7	A006	陈**	女	采购部		2016/5/9	
8	A007	程**	男	销售部	181****5252	2017/10/6	
9							

Sheet1　Sheet2　+

下面先从该工作表中读取数据，再使用 fillna() 函数将所有缺失值填充为"无"。演示代码如下：

```
1  import pandas as pd  # 导入pandas模块并简写为pd
2  data = pd.read_excel('F:\\python\\第7章\\员工档案表1.xlsx', sheet_
   name=0)  # 读取工作簿中第1个工作表的数据
3  a = data.fillna(value='无')  # 将所有的缺失值填充为"无"
4  print(a)  # 输出填充缺失值后的数据
```

代码运行结果如下：

	员工编号	姓名	性别	部门	联系方式	入职时间
0	A001	孔**	女	无	187****8989	2015-01-05
1	A002	李**	男	销售部	136****9696	2019-04-05
2	A003	钱**	女	销售部	132****8547	2016-05-08
3	A004	孙**	男	财务部	无	2010-05-06
4	A005	冯**	男	无	177****4545	2014-06-09
5	A006	陈**	女	采购部	无	2016-05-09
6	A007	程**	男	销售部	181****5252	2017-10-06

 应用场景 2　为不同列的缺失值分别指定填充值

◎ 代码文件：fillna()函数2.py
◎ 数据文件：员工档案表1.xlsx

　　本案例要先从工作簿"员工档案表1.xlsx"的第 1 个工作表中读取数据，再使用 fillna() 函数将"部门"列的缺失值填充为"待定"，将"联系方式"列的缺失值填充为"无"。演示代码如下：

```
1  import pandas as pd  # 导入pandas模块并简写为pd
2  data = pd.read_excel('F:\\python\\第7章\\员工档案表1.xlsx', sheet_
   name=0)  # 读取工作簿中第1个工作表的数据
```

```
3    a = data.fillna(value={'部门': '待定', '联系方式': '无'})  # 将"部
     门"列的缺失值填充为"待定"，将"联系方式"列的缺失值填充为"无"
4    print(a)  # 输出填充缺失值后的数据
```

代码运行结果如下：

	员工编号	姓名	性别	部门	联系方式	入职时间
0	A001	孔**	女	待定	187****8989	2015-01-05
1	A002	李**	男	销售部	136****9696	2019-04-05
2	A003	钱**	女	销售部	132****8547	2016-05-08
3	A004	孙**	男	财务部	无	2010-05-06
4	A005	冯**	男	待定	177****4545	2014-06-09
5	A006	陈**	女	采购部	无	2016-05-09
6	A007	程**	男	销售部	181****5252	2017-10-06

应用场景 3　使用缺失值下方的值填充缺失值

◎ 代码文件：fillna()函数3.py
◎ 数据文件：员工档案表1.xlsx

　　本案例要先从工作簿"员工档案表1.xlsx"的第 1 个工作表中读取数据，再通过设置 fillna()
函数的参数 method，使用缺失值下方的值填充缺失值。演示代码如下：

```
1    import pandas as pd  # 导入pandas模块并简写为pd
2    data = pd.read_excel('F:\\python\\第7章\\员工档案表1.xlsx', sheet_
     name=0)  # 读取工作簿中第1个工作表的数据
3    a = data.fillna(method='bfill')  # 使用缺失值下方的值填充缺失值
4    print(a)  # 输出填充缺失值后的数据
```

代码运行结果如下：

	员工编号	姓名	性别	部门	联系方式	入职时间
0	A001	孔**	女	销售部	187****8989	2015-01-05
1	A002	李**	男	销售部	136****9696	2019-04-05
2	A003	钱**	女	销售部	132****8547	2016-05-08
3	A004	孙**	男	财务部	177****4545	2010-05-06
4	A005	冯**	男	采购部	177****4545	2014-06-09
5	A006	陈**	女	采购部	181****5252	2016-05-09
6	A007	程**	男	销售部	181****5252	2017-10-06

7.1.4　drop_duplicates() 函数——删除重复值

DataFrame 对象的 drop_duplicates() 函数用于删除数据表中的重复值。其语法格式如下：

表达式.drop_duplicates(subset, keep, inplace)

参数说明：

表达式：一个 DataFrame 对象。

subset：指定查找重复值的列。省略该参数表示在所有列中查找重复值。

keep：指定删除重复值时保留哪个重复值所在的行。参数值为 'first' 或省略该参数表示保留第一次出现的重复值，并删除其他重复值；参数值为 'last' 表示保留最后一次出现的重复值，并删除其他重复值；参数值为 False 表示删除所有重复值。

inplace：指定是否用删除重复值后的数据覆盖原来的数据。参数值为 False 或省略该参数表示不覆盖原来的数据，并返回一个新的 DataFrame 对象；参数值为 True 则表示覆盖原来的数据。

应用场景 1　删除重复行

◎ 代码文件：drop_duplicates()函数1.py
◎ 数据文件：员工档案表2.xlsx

下图所示为工作簿"员工档案表 2.xlsx"的第 1 个工作表中的数据表，可以看到第 5 行和第 6 行数据为重复行。

	A	B	C	D	E	F	G
1	员工编号	姓名	性别	部门	联系方式	入职时间	
2	A001	孔**	女	财务部	187****8989	2015/1/5	
3	A002	李**	男	销售部	136****9696	2019/4/5	
4	A003	钱**	女	销售部	132****8547	2016/5/8	
5	A004	孙**	男	财务部	183****4578	2010/5/6	
6	A004	孙**	男	财务部	183****4578	2010/5/6	
7	A005	冯**	男	行政部	177****4545	2014/6/9	
8	A006	陈**	女	采购部	179****5004	2016/5/9	
9	A007	程**	男	销售部	181****5252	2017/10/6	
10							

Sheet1　Sheet2　（+）

下面先从该工作表中读取数据，再使用 drop_duplicates() 函数删除重复行。演示代码如下：

```
1  import pandas as pd  # 导入pandas模块并简写为pd
2  data = pd.read_excel('F:\\python\\第7章\\员工档案表2.xlsx', sheet_
   name=0)  # 读取工作簿中第1个工作表的数据
3  a = data.drop_duplicates()  # 删除重复行
4  print(a)  # 输出删除重复行后的数据
```

代码运行结果如下：

```
1       员工编号   姓名   性别   部门    联系方式        入职时间
2  0  A001   孔**   女   财务部   187****8989   2015-01-05
3  1  A002   李**   男   销售部   136****9696   2019-04-05
4  2  A003   钱**   女   销售部   132****8547   2016-05-08
5  3  A004   孙**   男   财务部   183****4578   2010-05-06
6  5  A005   冯**   男   行政部   177****4545   2014-06-09
7  6  A006   陈**   女   采购部   179****5004   2016-05-09
8  7  A007   程**   男   销售部   181****5252   2017-10-06
```

从运行结果可以看出，原先的两个重复行现在只剩下一个。

应用场景 2　删除指定列中重复值所在的行

◎ 代码文件：drop_duplicates()函数2.py
◎ 数据文件：员工档案表2.xlsx

本案例要先从工作簿"员工档案表2.xlsx"的第 1 个工作表中读取数据，再通过设置 drop_duplicates() 函数的参数 subset，删除"部门"列中重复值所在的行。演示代码如下：

```
1  import pandas as pd   # 导入pandas模块并简写为pd
2  data = pd.read_excel('F:\\python\\第7章\\员工档案表2.xlsx', sheet_
   name=0)   # 读取工作簿中第1个工作表的数据
3  a = data.drop_duplicates(subset='部门')   # 删除"部门"列中重复值所在
   的行
4  print(a)   # 输出删除重复行后的数据
```

第 3 行代码表示只在"部门"列中查找重复值，并删除重复值所在的行。如果要在多列中查找重复值，可将参数 subset 设置为一个包含多个列标签的列表。代码运行结果如下：

```
1     员工编号     姓名    性别    部门     联系方式        入职时间
2  0  A001      孔**    女     财务部   187****8989    2015-01-05
3  1  A002      李**    男     销售部   136****9696    2019-04-05
4  5  A005      冯**    男     行政部   177****4545    2014-06-09
5  6  A006      陈**    女     采购部   179****5004    2016-05-09
```

应用场景 3　删除重复值时保留最后一个重复值所在的行

◎ 代码文件：drop_duplicates()函数3.py
◎ 数据文件：员工档案表2.xlsx

从前两个案例的运行结果可以看出，drop_duplicates() 函数在删除重复值时默认保留第一个重复值所在的行，删除其他重复值所在的行。本案例要通过设置 drop_duplicates() 函数的参数 keep，保留最后一个重复值所在的行。演示代码如下：

```
1   import pandas as pd  # 导入pandas模块并简写为pd
2   data = pd.read_excel('F:\\python\\第7章\\员工档案表2.xlsx', sheet_
    name=0)  # 读取工作簿中第1个工作表的数据
3   a = data.drop_duplicates(keep='last')  # 删除重复行时保留最后一个重
    复值所在的行
4   print(a)  # 输出删除重复行后的数据
```

代码运行结果如下：

	员工编号	姓名	性别	部门	联系方式	入职时间
0	A001	孔**	女	财务部	187****8989	2015-01-05
1	A002	李**	男	销售部	136****9696	2019-04-05
2	A003	钱**	女	销售部	132****8547	2016-05-08
4	A004	孙**	男	财务部	183****4578	2010-05-06
5	A005	冯**	男	行政部	177****4545	2014-06-09
6	A006	陈**	女	采购部	179****5004	2016-05-09
7	A007	程**	男	销售部	181****5252	2017-10-06

应用场景 4　删除所有重复值

◎ 代码文件：drop_duplicates()函数4.py
◎ 数据文件：员工档案表2.xlsx

前面的案例在删除重复值时最终会保留一个重复值。如果要将重复值全部删除，可通过设置 drop_duplicates() 函数的参数 keep 来实现。演示代码如下：

```
1   import pandas as pd  # 导入pandas模块并简写为pd
2   data = pd.read_excel('F:\\python\\第7章\\员工档案表2.xlsx', sheet_
    name=0)  # 读取工作簿中第1个工作表的数据
3   a = data.drop_duplicates(keep=False)  # 删除所有重复行
4   print(a)  # 输出删除重复行后的数据
```

代码运行结果如下：

		员工编号	姓名	性别	部门	联系方式	入职时间
1		员工编号	姓名	性别	部门	联系方式	入职时间
2	0	A001	孔**	女	财务部	187****8989	2015-01-05
3	1	A002	李**	男	销售部	136****9696	2019-04-05
4	2	A003	钱**	女	销售部	132****8547	2016-05-08
5	5	A005	冯**	男	行政部	177****4545	2014-06-09
6	6	A006	陈**	女	采购部	179****5004	2016-05-09
7	7	A007	程**	男	销售部	181****5252	2017-10-06

7.1.5　unique() 函数——获取唯一值

如果想获取某一列数据的唯一值，可先从 DataFrame 对象中选取一列，再利用返回的 Series 对象的 unique() 函数获取该列数据的唯一值。其语法格式如下：

表达式[列标签].unique()

参数说明：

表达式：一个 DataFrame 对象。

应用场景　获取指定列的唯一值

◎ 代码文件：unique()函数.py
◎ 数据文件：员工档案表2.xlsx

本案例要先从工作簿"员工档案表2.xlsx"的第 1 个工作表中读取数据，再使用 unique() 函数获取"部门"列的唯一值。演示代码如下：

```
1   import pandas as pd  # 导入pandas模块并简写为pd
2   data = pd.read_excel('F:\\python\\第7章\\员工档案表2.xlsx', sheet_
    name=0)  # 读取工作簿中第1个工作表的数据
3   a = data['部门'].unique()  # 获取"部门"列的唯一值
4   print(a)  # 输出获取的唯一值
```

代码运行结果如下：

```
1   ['财务部' '销售部' '行政部' '采购部']
```

7.2 数据的转换和编辑

本节主要介绍 pandas 模块中常用的一些数据转换和编辑操作，包括数据类型和数据结构的转换，以及数据的增、删、查、改。

7.2.1 astype() 函数——数据类型转换

DataFrame 对象和 Series 对象的 astype() 函数用于转换列的数据类型。其语法格式如下：

表达式.astype(dtype)

参数说明：

表达式：一个 Series 对象（通常为从 DataFrame 对象中选取的单列数据）或 DataFrame 对象。

dtype：指定要转换为的数据类型。可以设置为单个值，表示将所有列都转换为此数据类型；也可以设置为字典，其中键为列标签，值为要转换为的数据类型。

需要注意的是，astype() 函数返回的是一个新的 DataFrame 对象或 Series 对象，因此，通常要将 astype() 函数返回的新对象赋给原对象，以真正实现转换。

应用场景　转换指定列的数据类型

◎ 代码文件：astype()函数.py

◎ 数据文件：统计表.xlsx

下图所示为工作簿"统计表.xlsx"的第 1 个工作表中的数据表。

	A	B	C	D	E
1	产品名称	出库数量	单价	出库金额	
2	离合器	10	20	200	
3	操纵杆	20	60	1200	
4	转速表	50	200	10000	
5	里程表	600	280	168000	
6	组合表	30	850	25500	
7	缓速器	70	30	2100	
8	胶垫	80	30	2400	
9					

Sheet1　Sheet2　(+)

下面从该工作表中读取数据，然后使用 astype() 函数将"出库金额"列的数据类型转换为浮点型数字。演示代码如下：

```
1    import pandas as pd  # 导入pandas模块并简写为pd
2    data = pd.read_excel('F:\\python\\第7章\\统计表.xlsx', sheet_name=
     0)  # 读取工作簿中第1个工作表的数据
3    print(data['出库金额'])  # 输出原先的"出库金额"列数据
4    data['出库金额'] = data['出库金额'].astype('float64')  # 将"出库金
     额"列的数据类型更改为"float64"
5    print(data['出库金额'])  # 输出更改数据类型后的"出库金额"列数据
```

第 4 行代码可以更改为"data = data.astype({'出库金额': 'float64'})"。

代码运行结果如下（部分内容从略）：

```
1    0        200
2    1       1200
```

```
3    2      10000
4    ...........
5    Name: 出库金额, dtype: int64
6    0       200.0
7    1      1200.0
8    2     10000.0
9    ...........
10   Name: 出库金额, dtype: float64
```

从运行结果可以看出，"出库金额"列的数据类型由整型数字变成了浮点型数字。

7.2.2　T 属性——转置行列

转置行列就是将数据表中行方向上的数据转换到列方向，将列方向上的数据转换到行方向。调用 DataFrame 对象的 T 属性可得到转置行列后的数据表，其语法格式如下：

表达式.T

参数说明：

表达式：一个 DataFrame 对象。

 应用场景　转置数据的行列

◎ 代码文件：T属性.py
◎ 数据文件：统计表.xlsx

本案例要先从工作簿"统计表.xlsx"的第 1 个工作表中读取数据，再使用 T 属性对读取的数据进行行列转置。演示代码如下：

```
1    import pandas as pd  # 导入pandas模块并简写为pd
2    data = pd.read_excel('F:\\python\\第7章\\统计表.xlsx', sheet_name=
```

```
0)  # 读取工作簿中第1个工作表的数据
3  a = data.T  # 对读取的数据进行行列转置
4  print(a)  # 输出转置行列后的数据
```

代码运行结果如下：

	0	1	2	3	4	5	6
产品名称	离合器	操纵杆	转速表	里程表	组合表	缓速器	胶垫
出库数量	10	20	50	600	30	70	80
单价	20	60	200	280	850	30	30
出库金额	200	1200	10000	168000	25500	2100	2400

7.2.3　stack() 函数——将数据表转换为树形结构

DataFrame 对象的 stack() 函数用于将二维表格转换为树形结构，即在维持二维表格的行标签不变的情况下，把列标签也变成行标签，从而为二维表格建立层次化的索引，以满足其他数据分析操作对数据结构的要求。其语法格式如下：

表达式.stack(level, dropna)

参数说明：

表达式：一个 DataFrame 对象。

level：指定转换的层级。该参数默认值为 -1，一般情况下可省略该参数。

dropna：指定转换后是否删除包含缺失值的行。参数值为 True 或省略该参数表示删除，参数值为 False 则表示不删除。

应用场景 1　将数据转换为树形结构

◎ 代码文件：stack()函数1.py
◎ 数据文件：统计表1.xlsx

下图所示为工作簿"统计表 1.xlsx"的第 1 个工作表中的数据表。

	A	B	C	D	E
1	产品名称	出库数量	单价	出库金额	
2	离合器	10	20	200	
3	操纵杆	20	60	1200	
4	转速表	50	200	10000	
5					

Sheet1　Sheet2　⊕

下面从该工作表中读取数据，再用 stack() 函数将读取的数据转换为树形结构。演示代码如下：

```
import pandas as pd   # 导入pandas模块并简写为pd
data = pd.read_excel('F:\\python\\第7章\\统计表1.xlsx', sheet_name=0)   # 读取工作簿中第1个工作表的数据
a = data.stack()   # 将读取的数据转换为树形结构
print(a)   # 输出转换为树形结构后的数据
```

代码运行结果如下：

```
0   产品名称    离合器
    出库数量    10
    单价      20
    出库金额    200
1   产品名称    操纵杆
    出库数量    20
    单价      60
    出库金额    1200
2   产品名称    转速表
    出库数量    50
    单价      200
    出库金额    10000
dtype: object
```

应用场景 2　将数据转换为树形结构并删除缺失值

◎ 代码文件：stack()函数2.py
◎ 数据文件：统计表2.xlsx

下图所示为工作簿"统计表2.xlsx"的第 1 个工作表中的数据表，可看到其中含有缺失值。

	A	B	C	D	E
1	产品名称	出库数量	单价	出库金额	
2	离合器	10	20	200	
3	操纵杆		60		
4	转速表	50	200	10000	
5					

Sheet1　Sheet2　⊕

下面从该工作表中读取数据，再用 stack() 函数将读取的数据转换为树形结构，转换完成后删除含有缺失值的行。演示代码如下：

```
1  import pandas as pd  # 导入pandas模块并简写为pd
2  data = pd.read_excel('F:\\python\\第7章\\统计表2.xlsx', sheet_name=
   0)  # 读取工作簿中第1个工作表的数据
3  a = data.stack(dropna=True)  # 将读取的数据转换为树形结构并删除含有缺
   失值的行
4  print(a)  # 输出转换为树形结构后的数据
```

第 3 行代码等同于"a = data.stack()"。

代码运行结果如下：

```
1  0  产品名称    离合器
2     出库数量    10
3     单价      20
4     出库金额    200
5  1  产品名称    操纵杆
```

```
6        单价          60
7    2   产品名称       转速表
8        出库数量       50
9        单价          200
10       出库金额       10000
11   dtype: object
```

7.2.4　insert() 函数——插入数据

pandas 模块没有专门提供插入行的方法，因此，插入数据主要是指插入列。DataFrame 对象的 insert() 函数用于在数据表的指定位置插入列数据。其语法格式如下：

表达式.insert(loc, column, value, allow_duplicates)

参数说明：

表达式：一个 DataFrame 对象。

loc：指定新列的插入位置。设置为 0 表示在第 1 列前插入新列，设置为 1 表示在第 2 列前插入新列……设置为现有列的数量表示在末尾插入新列。

column：指定新列的列标签。

value：指定新列中的数据。可以为单个值、列表、Series 对象等。

allow_duplicates：是否允许新列的列标签与现有列的列标签重复。参数值为 True 表示允许，参数值为 False 或省略该参数则表示不允许。

应用场景　在指定列前插入一列新数据

◎ 代码文件：insert()函数.py
◎ 数据文件：员工档案表3.xlsx

下页图所示为工作簿"员工档案表 3.xlsx"的第 1 个工作表中的数据表。

	A	B	C	D	E	F	G
1	员工编号	姓名	性别	部门	联系方式	入职时间	
2	A001	孔**	女	财务部	187****8989	2015/1/5	
3	A002	李**	男	销售部	136****9696	2019/4/5	
4	A003	钱**	女	销售部	132****8547	2016/5/8	
5	A004	孙**	男	财务部	183****4578	2010/5/6	
6	A005	冯**	男	行政部	177****4545	2014/6/9	
7	A006	陈**	女	采购部	179****5004	2016/5/9	
8	A007	程**	男	销售部	181****5252	2017/10/6	

Sheet1　Sheet2　⊕

下面先从该工作表中读取数据,再用 insert() 函数在第 4 列前插入"工龄"列。演示代码如下:

```
1  import pandas as pd  # 导入pandas模块并简写为pd
2  data = pd.read_excel('F:\\python\\第7章\\员工档案表3.xlsx', sheet_
   name=0)  # 读取工作簿中第1个工作表的数据
3  data.insert(loc=3, column='工龄', value=[6, 2, 5, 11, 7, 5, 3])  # 在
   所读取数据的第4列前插入"工龄"列
4  print(data)  # 输出插入列后的数据
```

代码运行结果如下:

```
1       员工编号   姓名  性别  工龄  部门    联系方式        入职时间
2  0   A001   孔**  女   6   财务部   187****8989  2015-01-05
3  1   A002   李**  男   2   销售部   136****9696  2019-04-05
4  2   A003   钱**  女   5   销售部   132****8547  2016-05-08
5  3   A004   孙**  男   11  财务部   183****4578  2010-05-06
6  4   A005   冯**  男   7   行政部   177****4545  2014-06-09
7  5   A006   陈**  女   5   采购部   179****5004  2016-05-09
8  6   A007   程**  男   3   销售部   181****5252  2017-10-06
```

如果对新列的位置没有特别的要求,还可用如下语法格式在末尾添加新列:

表达式[新列标签] = 数据

参数说明:

表达式:一个 DataFrame 对象。

数据：可以是单个值、列表、Series 对象等。

这种语法格式常用于完成的一个实用操作是将现有列的数据经过一定的计算生成新列。例如，本案例中的工龄实际上可以通过入职时间计算得到。核心代码如下：

```
1  today = pd.Timestamp.today().normalize()  # 获取今天的日期
2  data['工龄'] = (today - data['入职时间']) / pd.Timedelta(value=365,
   unit='days')  # 利用今天的日期和入职时间的日期计算出工龄
3  data['工龄'] = data['工龄'].round(1)  # 对工龄的计算结果保留一位小数
```

第 1 行代码先用 pandas 模块中 Timestamp 对象的 today() 函数获取今天的日期和时间，因为计算工龄不需要时间信息，所以再用 normalize() 函数将时、分、秒归零。

第 2 行代码用今天的日期减去"入职时间"列中的日期，得到入职的天数，再除以 365 天，得到入职的年数，即工龄。

第 3 行代码用 round() 函数对工龄的计算结果保留一位小数。

运行代码后得到的 data 如下：

```
1     员工编号   姓名   性别   部门     联系方式        入职时间       工龄
2  0  A001    孔**   女    财务部   187****8989   2015-01-05   6.7
3  1  A002    李**   男    销售部   136****9696   2019-04-05   2.4
4  2  A003    钱**   女    销售部   132****8547   2016-05-08   5.3
5  3  A004    孙**   男    财务部   183****4578   2010-05-06   11.4
6  4  A005    冯**   男    行政部   177****4545   2014-06-09   7.3
7  5  A006    陈**   女    采购部   179****5004   2016-05-09   5.3
8  6  A007    程**   男    销售部   181****5252   2017-10-06   3.9
```

7.2.5　drop() 函数——删除数据

DataFrame 对象的 drop() 函数用于根据标签删除列或行。其语法格式如下：

表达式.drop(labels, axis, index, columns, inplace)

参数说明：

表达式：一个 DataFrame 对象。

labels：指定要删除的列或行的标签。如果要删除多列或多行，应以列表的形式给出其标签。

axis：指定要删除行还是列。参数值为 0 或省略该参数表示要删除行，即将参数 labels 的值解析为行标签；参数值为 1 则表示要删除列，即将参数 labels 的值解析为列标签。

index：指定要删除的行的标签。如果要删除多行，应以列表的形式给出其标签。

columns：指定要删除的列的标签。如果要删除多列，应以列表的形式给出其标签。

inplace：指定是否用删除行或列后的数据覆盖原来的数据。参数值为 False 或省略该参数表示不覆盖原来的数据，并返回一个新的 DataFrame 对象；参数值为 True 则表示覆盖原来的数据。

应用场景 1　删除指定的单列数据

◎ 代码文件：drop()函数1.py
◎ 数据文件：员工档案表3.xlsx

本案例要先从工作簿"员工档案表 3.xlsx"的第 1 个工作表中读取数据，再使用 drop() 函数从读取的数据中删除"性别"列。演示代码如下：

```
1    import pandas as pd  # 导入pandas模块并简写为pd
2    data = pd.read_excel('F:\\python\\第7章\\员工档案表3.xlsx', sheet_
     name=0)  # 读取工作簿中第1个工作表的数据
3    data = data.drop(labels='性别', axis=1)  # 从读取的数据中删除"性别"列
4    print(data)  # 输出删除后的数据
```

第 3 行代码等同于 "data = data.drop(columns='性别')"。

代码运行结果如下：

	员工编号	姓名	部门	联系方式	入职时间
1					
2	0 A001	孔**	财务部	187****8989	2015-01-05

3	1	A002	李**	销售部	136****9696	2019-04-05
4	2	A003	钱**	销售部	132****8547	2016-05-08
5	3	A004	孙**	财务部	183****4578	2010-05-06
6	4	A005	冯**	行政部	177****4545	2014-06-09
7	5	A006	陈**	采购部	179****5004	2016-05-09
8	6	A007	程**	销售部	181****5252	2017-10-06

应用场景 2　删除指定的多列数据

◎ 代码文件：drop()函数2.py
◎ 数据文件：员工档案表3.xlsx

本案例要先从工作簿"员工档案表3.xlsx"的第1个工作表中读取数据，再使用drop()函数从读取的数据中删除"性别"列和"联系方式"列。演示代码如下：

```
1   import pandas as pd   # 导入pandas模块并简写为pd
2   data = pd.read_excel('F:\\python\\第7章\\员工档案表3.xlsx', sheet_
    name=0)   # 读取工作簿中第1个工作表的数据
3   data = data.drop(labels=['性别', '联系方式'], axis=1)   # 从读取的数
    据中删除"性别"列和"联系方式"列
4   print(data)   # 输出删除后的数据
```

第3行代码等同于"data = data.drop(columns=['性别', '联系方式'])"。

代码运行结果如下：

1		员工编号	姓名	部门	入职时间
2	0	A001	孔**	财务部	2015-01-05
3	1	A002	李**	销售部	2019-04-05

4	2	A003	钱**	销售部	2016-05-08
5	3	A004	孙**	财务部	2010-05-06
6	4	A005	冯**	行政部	2014-06-09
7	5	A006	陈**	采购部	2016-05-09
8	6	A007	程**	销售部	2017-10-06

应用场景 3 删除指定的单行数据

◎ 代码文件：drop()函数3.py
◎ 数据文件：员工档案表3.xlsx

本案例要先从工作簿"员工档案表 3.xlsx"的第 1 个工作表中读取数据，再使用 drop() 函数从读取的数据中删除行标签为"2"的行。演示代码如下：

```
1  import pandas as pd  # 导入pandas模块并简写为pd
2  data = pd.read_excel('F:\\python\\第7章\\员工档案表3.xlsx', sheet_
   name=0)  # 读取工作簿中第1个工作表的数据
3  data = data.drop(labels=2, axis=0)  # 从读取的数据中删除行标签为"2"
   的行
4  print(data)  # 输出删除后的数据
```

第 3 行代码等同于"data = data.drop(index=2)"。同理，如果要删除行标签为"A002"的行，可将第 3 行代码更改为"data = data.drop(labels='A002', axis=0)"或"data = data.drop(index='A002')"。

代码运行结果如下：

1		员工编号	姓名	性别	部门	联系方式	入职时间
2	0	A001	孔**	女	财务部	187****8989	2015-01-05

3	1	A002	李**	男	销售部	136****9696	2019-04-05
4	3	A004	孙**	男	财务部	183****4578	2010-05-06
5	4	A005	冯**	男	行政部	177****4545	2014-06-09
6	5	A006	陈**	女	采购部	179****5004	2016-05-09
7	6	A007	程**	男	销售部	181****5252	2017-10-06

应用场景 4　删除指定的多行数据

◎ 代码文件：drop()函数4.py

◎ 数据文件：员工档案表3.xlsx

本案例要先从工作簿"员工档案表 3.xlsx"的第 1 个工作表中读取数据，再使用 drop() 函数从读取的数据中删除行标签为"2"和"5"的行。演示代码如下：

```
1   import pandas as pd  # 导入pandas模块并简写为pd
2   data = pd.read_excel('F:\\python\\第7章\\员工档案表3.xlsx', sheet_
    name=0)  # 读取工作簿中第1个工作表的数据
3   data = data.drop(labels=[2, 5], axis=0)  # 从读取的数据中删除行标签
    为"2"和"5"的行
4   print(data)  # 输出删除后的数据
```

第 3 行代码等同于"data = data.drop(index=[2, 5])"。

代码运行结果如下：

1		员工编号	姓名	性别	部门	联系方式	入职时间
2	0	A001	孔**	女	财务部	187****8989	2015-01-05
3	1	A002	李**	男	销售部	136****9696	2019-04-05
4	3	A004	孙**	男	财务部	183****4578	2010-05-06

| 5 | 4 | A005 | 冯** | 男 | 行政部 | 177****4545 | 2014-06-09 |
| 6 | 6 | A007 | 程** | 男 | 销售部 | 181****5252 | 2017-10-06 |

7.2.6　isin() 函数——查找数据

DataFrame 对象和 Series 对象的 isin() 函数用于在数据中查找特定的值，并将匹配的值标记为 True，将不匹配的值标记为 False，然后返回一个新的 DataFrame 对象或 Series 对象。其语法格式如下：

表达式.isin(values)

参数说明：

表达式：一个 Series 对象（通常为从 DataFrame 对象中选取的单列数据）或 DataFrame 对象。

values：要查找的值。可以为单个值、列表、字典、Series 对象或 DataFrame 对象等形式。需要注意的是，如果单个值是字符串，不能直接给出，而要以单元素列表的形式给出。

应用场景 1　查找单个值

◎ 代码文件：isin()函数1.py
◎ 数据文件：员工档案表3.xlsx

本案例要先从工作簿"员工档案表 3.xlsx"的第 1 个工作表中读取数据，再使用 isin() 函数查找读取的数据是否含有"财务部"这个值。演示代码如下：

```
1  import pandas as pd  # 导入pandas模块并简写为pd
2  data = pd.read_excel('F:\\python\\第7章\\员工档案表3.xlsx', sheet_
   name=0)  # 读取工作簿中第1个工作表的数据
3  a = data.isin(['财务部'])  # 查找读取的数据是否含有"财务部"
4  print(a)  # 输出查找结果
```

代码运行结果如下：

	员工编号	姓名	性别	部门	联系方式	入职时间
0	False	False	False	True	False	False
1	False	False	False	False	False	False
2	False	False	False	False	False	False
3	False	False	False	True	False	False
4	False	False	False	False	False	False
5	False	False	False	False	False	False
6	False	False	False	False	False	False

运行结果中存在 True 值，说明数据表相应位置的值为"财务部"。

应用场景 2　查找多个值

◎ 代码文件：isin()函数2.py
◎ 数据文件：员工档案表3.xlsx

本案例要先从工作簿"员工档案表 3.xlsx"的第 1 个工作表中读取数据，然后使用 isin() 函数查找读取的数据中是否含有字符串"财务部"和"男"。演示代码如下：

```
1  import pandas as pd  # 导入pandas模块并简写为pd
2  data = pd.read_excel('F:\\python\\第7章\\员工档案表3.xlsx', sheet_
   name=0)  # 读取工作簿中第1个工作表的数据
3  a = data.isin(['财务部', '男'])  # 查找读取的数据是否含有"财务部"和
   "男"
4  print(a)  # 输出查找结果
```

代码运行结果如下：

	员工编号	姓名	性别	部门	联系方式	入职时间
0	False	False	False	True	False	False
1	False	False	True	False	False	False
2	False	False	False	False	False	False
3	False	False	True	True	False	False
4	False	False	True	False	False	False
5	False	False	False	False	False	False
6	False	False	True	False	False	False

运行结果中存在 True 值，说明数据表相应位置的值为"财务部"或"男"。

应用场景 3　通过在指定列中查找值来筛选数据

◎ 代码文件：isin()函数3.py
◎ 数据文件：员工档案表3.xlsx

本案例要先从工作簿"员工档案表 3.xlsx"的第 1 个工作表中读取数据，然后利用 isin() 函数构造逻辑表达式，筛选出财务部和销售部的女员工的数据。演示代码如下：

```
import pandas as pd  # 导入pandas模块并简写为pd
data = pd.read_excel('F:\\python\\第7章\\员工档案表3.xlsx', sheet_name=0)  # 读取工作簿中第1个工作表的数据
c = (data['性别'] == '女') & (data['部门'].isin(['财务部', '销售部']))  # 构造逻辑表达式："性别"列的值为"女"，并且"部门"列的值为"财务部"或"销售部"
result = data[c]  # 用构造的逻辑表达式筛选数据
print(result)  # 输出筛选结果
```

代码运行结果如下：

1		员工编号	姓名	性别	部门	联系方式	入职时间
2	0	A001	孔**	女	财务部	187****8989	2015-01-05
3	2	A003	钱**	女	销售部	132****8547	2016-05-08

7.2.7　replace() 函数——替换数据

DataFrame 对象的 replace() 函数用于对数据表中的数据进行一对一替换、多对一替换和多对多替换。其语法格式如下：

表达式.replace(to_replace, value, inplace)

参数说明：

表达式：一个 DataFrame 对象。

to_replace：指定需要替换的值。如果有多个要替换的值，应以列表的形式给出。

value：指定要替换为的值。

inplace：指定是否用替换后的数据覆盖原来的数据。参数值为 False 或省略该参数表示不覆盖原来的数据，并返回一个新的 DataFrame 对象；参数值为 True 则表示覆盖原来的数据。

应用场景 1　一对一地替换数据

◎ 代码文件：replace()函数1.py

◎ 数据文件：员工档案表3.xlsx

本案例要先从工作簿"员工档案表 3.xlsx"的第 1 个工作表中读取数据，然后用 replace() 函数将所有的"采购部"都替换为"研发部"。演示代码如下：

```
1    import pandas as pd  # 导入pandas模块并简写为pd
2    data = pd.read_excel('F:\\python\\第7章\\员工档案表3.xlsx', sheet_
     name=0)  # 读取工作簿中第1个工作表的数据
3    a = data.replace('采购部', '研发部')  # 将数据中的"采购部"替换为"研
```

发部"

```
4    print(a)   # 输出替换后的新数据表
```

第 3 行代码将替换后返回的新数据表赋给变量 a，而原数据表 data 的内容并没有被改变。如果要直接改变 data 的内容，可将第 3 行代码修改为 "data.replace('采购部', '研发部', inplace=True)" 或 "data = data.replace('采购部', '研发部')"

代码运行结果如下：

	员工编号	姓名	性别	部门	联系方式	入职时间
0	A001	孔**	女	财务部	187****8989	2015-01-05
1	A002	李**	男	销售部	136****9696	2019-04-05
2	A003	钱**	女	销售部	132****8547	2016-05-08
3	A004	孙**	男	财务部	183****4578	2010-05-06
4	A005	冯**	男	行政部	177****4545	2014-06-09
5	A006	陈**	女	研发部	179****5004	2016-05-09
6	A007	程**	男	销售部	181****5252	2017-10-06

 应用场景 2 多对一地替换数据

◎ 代码文件：replace()函数2.py
◎ 数据文件：员工档案表3.xlsx

本案例要先从工作簿"员工档案表 3.xlsx"的第 1 个工作表中读取数据，然后用 replace()函数将所有的"行政部"和"采购部"都替换为"研发部"。演示代码如下：

```
1    import pandas as pd   # 导入pandas模块并简写为pd
2    data = pd.read_excel('F:\\python\\第7章\\员工档案表3.xlsx', sheet_
     name=0)   # 读取工作簿中第1个工作表的数据
```

```
3    a = data.replace(['行政部', '采购部'], '研发部')    # 将数据中的"行政
     部"和"采购部"都替换为"研发部"
4    print(a)    # 输出替换后的新数据表
```

代码运行结果如下：

	员工编号	姓名	性别	部门	联系方式	入职时间
1	员工编号	姓名	性别	部门	联系方式	入职时间
2	0 A001	孔**	女	财务部	187****8989	2015-01-05
3	1 A002	李**	男	销售部	136****9696	2019-04-05
4	2 A003	钱**	女	销售部	132****8547	2016-05-08
5	3 A004	孙**	男	财务部	183****4578	2010-05-06
6	4 A005	冯**	男	研发部	177****4545	2014-06-09
7	5 A006	陈**	女	研发部	179****5004	2016-05-09
8	6 A007	程**	男	销售部	181****5252	2017-10-06

应用场景 3　多对多地替换数据

◎ 代码文件：replace()函数3.py
◎ 数据文件：员工档案表3.xlsx

本案例要先从工作簿"员工档案表 3.xlsx"的第 1 个工作表中读取数据，然后用 replace()
函数对数据执行多对多（即多组一对一）的替换操作。演示代码如下：

```
1    import pandas as pd    # 导入pandas模块并简写为pd
2    data = pd.read_excel('F:\\python\\第7章\\员工档案表3.xlsx', sheet_
     name=0)    # 读取工作簿中第1个工作表的数据
3    a = data.replace(['行政部', '179****5004'], ['研发部', '182****89
     90'])    # 将"行政部"替换为"研发部"，将"179****5004"替换为"182****8990"
```

```
4    print(a)  # 输出替换后的新数据表
```

第 3 行代码用两个列表分别给出要替换的值和替换后的值，这两个列表的长度应相同。也可以用字典的形式给出替换操作的参数，字典的键为要替换的值，字典的值为替换后的值，如 "a = data.replace({'行政部': '研发部', '179****5004': '182****8990'})"。

代码运行结果如下：

	员工编号	姓名	性别	部门	联系方式	入职时间
0	A001	孔**	女	财务部	187****8989	2015-01-05
1	A002	李**	男	销售部	136****9696	2019-04-05
2	A003	钱**	女	销售部	132****8547	2016-05-08
3	A004	孙**	男	财务部	183****4578	2010-05-06
4	A005	冯**	男	研发部	177****4545	2014-06-09
5	A006	陈**	女	采购部	182****8990	2016-05-09
6	A007	程**	男	销售部	181****5252	2017-10-06

7.3　数据的合并

数据的合并是指将两个或两个以上的数据表整合为一个数据表，主要会用到 pandas 模块中的 merge() 函数、concat() 函数和 append() 函数。

7.3.1　merge() 函数——根据指定的列合并数据

merge() 函数的功能类似 Excel 的工作表函数 VLOOKUP，它能按照指定的列对两个数据表进行关联查询和数据合并。其语法格式如下：

pandas.merge(left, right, how, on)

参数说明：

left、right：指定要合并的两个数据表（通常为 DataFrame 对象）。参数 left 对应的表称为"左表"，参数 right 对应的表称为"右表"。

how：指定合并方式。参数值为 'inner' 或省略该参数表示以求交集的方式合并两个数据表；参数值为 'outer' 表示以求并集的方式合并两个数据表；参数值为 'left' 表示保留左表的所有数据，将右表合并到左表中；参数值为 'right' 表示保留右表的所有数据，将左表合并到右表中。

on：指定拼接键，即按照哪一列或哪几列进行关联查询和合并。如果省略该参数，merge() 函数会自动寻找两个数据表中的公共列作为拼接键。

应用场景 1　以求交集的方式合并两个数据表

◎ 代码文件：merge()函数1.py
◎ 数据文件：员工档案表4.xlsx

下左图和下右图所示分别为工作簿"员工档案表 4.xlsx"的第 1 个工作表和第 2 个工作表中的数据表。

	A	B	C	D
1	员工编号	姓名	性别	
2	A001	孔**	女	
3	A002	李**	男	
4	A003	钱**	女	
5	A004	孙**	男	
6				
7				

Sheet1　Sheet2　⊕

	A	B	C	D
1	员工编号	姓名	销售业绩	
2	A001	孔**	260000	
3	A002	李**	360000	
4	A003	钱**	850000	
5	A004	孙**	290000	
6	A005	冯**	560000	

Sheet1　Sheet2　⊕

下面使用 merge() 函数以求交集的方式合并两个工作表的数据。演示代码如下：

```
1  import pandas as pd  # 导入pandas模块并简写为pd
2  data1 = pd.read_excel('F:\\python\\第7章\\员工档案表4.xlsx', sheet_
   name=0)  # 读取工作簿中第1个工作表的数据
3  data2 = pd.read_excel('F:\\python\\第7章\\员工档案表4.xlsx', sheet_
   name=1)  # 读取工作簿中第2个工作表的数据
4  a = pd.merge(data1, data2, how='inner')  # 以求交集的方式合并数据
5  print(a)  # 输出合并后的数据
```

第 4 行代码中省略了参数 on，merge() 函数将默认使用两个数据表的公共列"员工编号"和"姓名"作为拼接键。参数 how 设置为 'inner'，表示只有"员工编号"列和"姓名"列的值完全相同的行才会被保留下来并合并在一起。

代码运行结果如下：

	员工编号	姓名	性别	销售业绩
0	A001	孔**	女	260000
1	A002	李**	男	360000
2	A003	钱**	女	850000
3	A004	孙**	男	290000

应用场景 2　以求并集的方式合并两个数据表

◎ 代码文件：merge()函数2.py
◎ 数据文件：员工档案表4.xlsx

本案例要使用 merge() 函数以求并集的方式合并两个工作表的数据。演示代码如下：

```python
import pandas as pd  # 导入pandas模块并简写为pd
data1 = pd.read_excel('F:\\python\\第7章\\员工档案表4.xlsx', sheet_name=0)  # 读取工作簿中第1个工作表的数据
data2 = pd.read_excel('F:\\python\\第7章\\员工档案表4.xlsx', sheet_name=1)  # 读取工作簿中第2个工作表的数据
a = pd.merge(data1, data2, how='outer')  # 以求并集的方式合并数据
print(a)  # 输出合并后的数据
```

第 4 行代码中省略了参数 on，merge() 函数将默认使用两个数据表的公共列"员工编号"和"姓名"作为拼接键。参数 how 设置为 'outer'，表示保留两个数据表中的所有数据，某个数据表中不存在的列的值会被填充为缺失值 NaN。

代码运行结果如下：

	员工编号	姓名	性别	销售业绩
1				
2	0 A001	孔**	女	260000
3	1 A002	李**	男	360000
4	2 A003	钱**	女	850000
5	3 A004	孙**	男	290000
6	4 A005	冯**	NaN	560000

应用场景 3　根据指定的列合并两个数据表

◎ 代码文件：merge()函数3.py
◎ 数据文件：员工档案表4.xlsx

如果要在合并数据表时指定拼接键，可以通过设置 merge() 函数的参数 on 来实现。演示代码如下：

```
1  import pandas as pd  # 导入pandas模块并简写为pd
2  data1 = pd.read_excel('F:\\python\\第7章\\员工档案表4.xlsx', sheet_
   name=0)  # 读取工作簿中第1个工作表的数据
3  data2 = pd.read_excel('F:\\python\\第7章\\员工档案表4.xlsx', sheet_
   name=1)  # 读取工作簿中第2个工作表的数据
4  a = pd.merge(data1, data2, on='姓名')  # 根据"姓名"列合并数据
5  print(a)  # 输出合并后的数据
```

代码运行结果如下：

	员工编号_x	姓名	性别	员工编号_y	销售业绩
1					
2	0 A001	孔**	女	A001	260000

3	1	A002	李**	男	A002	360000
4	2	A003	钱**	女	A003	850000
5	3	A004	孙**	男	A004	290000

从运行结果可以看出，merge() 函数自动为重名列的列标签添加了"_x"和"_y"的后缀。

7.3.2　concat() 函数——在指定方向上合并数据

concat() 函数用于在行方向或列方向上合并两个或两个以上的数据表，即使这些数据表的列标签和行标签都不相同，也可以把数据整合到一起。其语法格式如下：

pandas.concat(objs, axis, ignore_index)

参数说明：

objs：指定要合并的数据表。

axis：指定合并的方向。参数值为 0 或省略该参数表示按行方向合并（纵向拼接），参数值为 1 表示按列方向合并（横向拼接）。

ignore_index：指定是否重置标签。参数值为 True 表示将标签重置为从 0 开始的整数序列，参数值为 False 或省略该参数表示保留原标签。

应用场景 1　按行方向合并两个数据表

◎ 代码文件：concat()函数1.py

◎ 数据文件：员工档案表4.xlsx

本案例要使用 concat() 函数按行方向合并工作簿"员工档案表 4.xlsx"的两个工作表中的数据。演示代码如下：

```
1   import pandas as pd   # 导入pandas模块并简写为pd
2   data1 = pd.read_excel('F:\\python\\第7章\\员工档案表4.xlsx', sheet_
    name=0)   # 读取工作簿中第1个工作表的数据
```

```
3    data2 = pd.read_excel('F:\\python\\第7章\\员工档案表4.xlsx', sheet_
     name=1)   # 读取工作簿中第2个工作表的数据
4    a = pd.concat([data1, data2], axis=0)   # 按行方向合并数据
5    print(a)   # 输出合并后的数据
```

代码运行结果如下：

```
1         员工编号    姓名    性别    销售业绩
2    0  A001     孔**    女     NaN
3    1  A002     李**    男     NaN
4    2  A003     钱**    女     NaN
5    3  A004     孙**    男     NaN
6    0  A001     孔**    NaN   260000.0
7    1  A002     李**    NaN   360000.0
8    2  A003     钱**    NaN   850000.0
9    3  A004     孙**    NaN   290000.0
10   4  A005     冯**    NaN   560000.0
```

从运行结果可以看出，如果一个数据表中的列在另外一个数据表中不存在，则合并后的数据表中该列数据会被填充为缺失值 NaN。此外，合并后数据表的行标签仍然为原先两个数据表各自的行标签。如果要重置行标签，可以为 concat() 函数添加参数 ignore_index=True。

应用场景 2　按列方向合并两个数据表

◎ 代码文件：concat()函数2.py
◎ 数据文件：员工档案表4.xlsx

本案例要使用 concat() 函数按列方向合并工作簿"员工档案表 4.xlsx"的两个工作表中的数据。演示代码如下：

```
1   import pandas as pd   # 导入pandas模块并简写为pd
2   data1 = pd.read_excel('F:\\python\\第7章\\员工档案表4.xlsx', sheet_
    name=0)   # 读取工作簿中第1个工作表的数据
3   data2 = pd.read_excel('F:\\python\\第7章\\员工档案表4.xlsx', sheet_
    name=1)   # 读取工作簿中第2个工作表的数据
4   a = pd.concat([data1, data2], axis=1)   # 按列方向合并数据
5   print(a)   # 输出合并后的数据
```

代码运行结果如下：

```
1        员工编号     姓名    性别    员工编号     姓名     销售业绩
2   0   A001     孔**    女     A001     孔**    260000
3   1   A002     李**    男     A002     李**    360000
4   2   A003     钱**    女     A003     钱**    850000
5   3   A004     孙**    男     A004     孙**    290000
6   4   NaN      NaN    NaN    A005     冯**    560000
```

应用场景 3　快速合并一个工作簿中所有工作表的数据

◎ 代码文件：concat()函数3.py
◎ 数据文件：员工档案表5.xlsx

工作簿"员工档案表 5.xlsx"中按入职年份分工作表存放着员工的信息，如下两图所示。

	A	B	C	D	E	F
1	姓名	性别	部门	入职时间	手机号码	
2	王**	女	采购部	2014/5/26	13800138***	
3	冯**	男	行政部	2014/6/9	13800138***	
4						
5						
6						
7						
8						

2013 | 2014 | 2015 | 2016 | 2017 | 2018 | ⊕

	A	B	C	D	E	F
1	姓名	性别	部门	入职时间	手机号码	
2	毕**	女	行政部	2018/9/15	13800138***	
3	李**	男	销售部	2018/4/5	13800138***	
4						
5						
6						
7						
8						

2013 | 2014 | 2015 | 2016 | 2017 | 2018 | ⊕

下面使用 concat() 函数将这些工作表中的数据快速合并到一起。演示代码如下：

```
1    import pandas as pd  # 导入pandas模块并简写为pd
2    data_all = pd.read_excel('F:\\python\\第7章\\员工档案表5.xlsx',
     sheet_name=None)  # 读取工作簿中所有工作表的数据
3    a = pd.concat(data_all, ignore_index=True)  # 合并数据并重置行标签
4    print(a)  # 输出合并后的数据
```

第 2 行代码用 read_excel() 函数读取数据时将参数 sheet_name 设置为 None，表示一次性读取所有工作表的数据，并返回一个字典，字典的键是工作表名称，字典的值是包含相应工作表数据的 DataFrame 对象。concat() 函数也可以对这种形式的字典进行数据合并。

第 3 行代码用 concat() 函数合并数据时设置参数 ignore_index 为 True，表示重置行标签。

代码运行结果如下：

```
1           姓名    性别    部门      入职时间         手机号码
2     0     孙**    男     财务部    2013-05-06    13800138***
3     1     赵**    男     采购部    2013-07-08    13800138***
4     2     王**    女     采购部    2014-05-26    13800138***
5     3     冯**    男     行政部    2014-06-09    13800138***
6     4     孔**    女     财务部    2015-01-05    13800138***
7     5     钱**    女     销售部    2016-05-08    13800138***
8     6     陈**    女     采购部    2016-05-09    13800138***
9     7     程**    男     销售部    2017-10-06    13800138***
10    8     毕**    女     行政部    2018-09-15    13800138***
11    9     李**    男     销售部    2018-04-05    13800138***
```

7.3.3 append() 函数——纵向追加数据

DataFrame 对象的 append() 函数用于按行方向在一个数据表的末尾追加数据，并返回一个新的 DataFrame 对象。其语法格式如下：

表达式.append(other, ignore_index)

参数说明：

表达式：一个 DataFrame 对象，代表要在其末尾追加数据的数据表。

other：指定要追加的数据，可以为列表、字典、Series 对象、DataFrame 对象等。

ignore_index：指定是否重置行标签。参数值为 True 表示将行标签重置为从 0 开始的整数序列，参数值为 False 或省略该参数表示保留原行标签。

应用场景 1　在一个数据表的末尾追加单行数据

◎ 代码文件：append()函数1.py
◎ 数据文件：员工档案表4.xlsx

本案例要先从工作簿"员工档案表 4.xlsx"的第 1 个工作表中读取数据，再使用 append() 函数在所读取数据的末尾追加单行数据。演示代码如下：

```
1    import pandas as pd   # 导入pandas模块并简写为pd
2    data1 = pd.read_excel('F:\\python\\第7章\\员工档案表4.xlsx', sheet_
     name=0)   # 读取工作簿中第1个工作表的数据
3    a = data1.append({'员工编号': 'A005', '姓名': '冯**', '性别': '男'},
     ignore_index=True)   # 在所读取数据的末尾追加行数据
4    print(a)   # 输出追加后的数据
```

第 3 行代码在 append() 函数中传入了一个字典，字典的键为要追加的数据的列标签，字典的值为要追加的数据的值。因为字典中没有行标签信息，所以必须设置参数 ignore_index 为 True 来重置行标签，否则会报错。

代码运行结果如下：

```
1        员工编号    姓名    性别
2    0   A001     孔**    女
```

3	1	A002	李**	男
4	2	A003	钱**	女
5	3	A004	孙**	男
6	4	A005	冯**	男

应用场景 2　在一个数据表的末尾追加另一个数据表的数据

◎ 代码文件：append()函数2.py
◎ 数据文件：员工档案表4.xlsx

本案例要先从工作簿"员工档案表 4.xlsx"中读取两个工作表的数据，再使用 append() 函数在第 1 个工作表的数据末尾追加第 2 个工作表的数据。演示代码如下：

```
1   import pandas as pd  # 导入pandas模块并简写为pd
2   data1 = pd.read_excel('F:\\python\\第7章\\员工档案表4.xlsx', sheet_
    name=0)  # 读取工作簿中第1个工作表的数据
3   data2 = pd.read_excel('F:\\python\\第7章\\员工档案表4.xlsx', sheet_
    name=1)  # 读取工作簿中第2个工作表的数据
4   a = data1.append(data2)  # 在第1个工作表的数据末尾追加第2个工作表的数据
5   print(a)  # 输出追加后的数据
```

代码运行结果如下：

1		员工编号	姓名	性别	销售业绩
2	0	A001	孔**	女	NaN
3	1	A002	李**	男	NaN
4	2	A003	钱**	女	NaN
5	3	A004	孙**	男	NaN

6	0	A001	孔**	NaN	260000.0
7	1	A002	李**	NaN	360000.0
8	2	A003	钱**	NaN	850000.0
9	3	A004	孙**	NaN	290000.0
10	4	A005	冯**	NaN	560000.0

从运行结果可以看出，如果一个数据表中的列在另一个数据表中不存在，append() 函数会自动填充缺失值 NaN。此外，append() 函数默认保留原先两个数据表各自的行标签。如果要重置行标签，可以设置参数 ignore_index 为 True。

7.4　数据的运算

数据的统计分析中常需要进行求和、求平均值、求最小值 / 最大值、求分布情况、求相关系数等运算，此外，日常办公中还需要进行分组汇总、创建数据透视表等操作。这些工作都可以使用 pandas 模块高效地完成，本节就来讲解相应的方法。

7.4.1　基本统计函数——完成基本的统计计算

pandas 模块提供的基本统计函数有很多，如求和的 sum() 函数、求平均值的 mean() 函数、求最大值的 max() 函数、求最小值的 min() 函数、求非空值个数的 count() 函数、求唯一值个数的 nunique() 函数等。这些函数都可以对 Series 对象和 DataFrame 对象中的数据进行统计计算，并且具有相似的语法格式，下面以 sum() 函数为例进行讲解。其语法格式如下：

表达式.sum(axis)

参数说明：

表达式：一个 Series 对象（通常为从 DataFrame 对象中选取的一列或一行）或 DataFrame 对象。

axis：指定计算的方向。当表达式为 Series 对象时，通常省略该参数。当表达式为 Data-Frame 对象时，参数值为 0 或省略该参数表示对各列数据求和，参数值为 1 表示对各行数据求和。

应用场景 1　对指定列进行统计计算

◎ 代码文件：基本统计函数1.py
◎ 数据文件：销售表.xlsx

下图所示为工作簿"销售表.xlsx"的第 1 个工作表中的数据表。

	A	B	C	D	E	F	G	H	I
1	销售日期	产品名称	成本价	销售价	销售数量	产品成本	销售金额	利润	
2	2020/1/1	离合器	¥20	¥55	60	¥1,200	¥3,300	¥2,100	
3	2020/1/2	操纵杆	¥60	¥109	45	¥2,700	¥4,905	¥2,205	
4	2020/1/3	转速表	¥200	¥350	50	¥10,000	¥17,500	¥7,500	
5	2020/1/4	离合器	¥20	¥55	23	¥460	¥1,265	¥805	
6	2020/1/5	里程表	¥850	¥1,248	26	¥22,100	¥32,448	¥10,348	
7	2020/1/6	操纵杆	¥60	¥109	85	¥5,100	¥9,265	¥4,165	
8	2020/1/7	转速表	¥200	¥350	78	¥15,600	¥27,300	¥11,700	
9	2020/1/8	转速表	¥200	¥350	100	¥20,000	¥35,000	¥15,000	

Sheet1　Sheet2　⊕

　　下面先从该工作表中读取数据，再使用基本统计函数对指定列的数据进行求和、求平均值等基本的统计计算。演示代码如下：

```
1   import pandas as pd  # 导入pandas模块并简写为pd
2   data = pd.read_excel('F:\\python\\第7章\\销售表.xlsx', sheet_name=
    0)  # 读取工作簿中第1个工作表的数据
3   print(data['销售数量'].sum())  # 计算"销售数量"列数据的和
4   print(data['销售数量'].mean())  # 计算"销售数量"列数据的平均值
5   print(data['销售数量'].max())  # 计算"销售数量"列数据的最大值
6   print(data['销售数量'].min())  # 计算"销售数量"列数据的最小值
7   print(data['销售日期'].count())  # 计算"销售日期"列的非空值个数
8   print(data['产品名称'].nunique())  # 计算"产品名称"列的唯一值个数
```

代码运行结果如下：

```
1   2923
```

```
2    94.29032258064517
3    750
4    20
5    31
6    5
```

应用场景 2　对整个数据表进行统计计算

◎ 代码文件：基本统计函数2.py
◎ 数据文件：成绩表.xlsx

右图所示为工作簿"成绩表.xlsx"的第 1 个
工作表中的数据表。

下面先从该工作表中读取数据，再使用基本
统计函数计算每个学生的个人总分和每个科目的
平均分。演示代码如下：

	A	B	C	D
1	学号	语文	数学	物理
2	A0001	90	80	75
3	A0002	100	60	85
4	A0003	94	76	91
5	A0004	83	93	97
6	A0005	97	68	64
7				

Sheet1 ⊕

```
1    import pandas as pd   # 导入pandas模块并简写为pd
2    data = pd.read_excel('F:\\python\\第7章\\成绩表.xlsx', sheet_name=
     0, index_col='学号')   # 读取工作簿中第1个工作表的数据
3    stu_sum = data.sum(axis=1)   # 计算各行数据的和，即每个学生的个人总分
4    class_mean = data.mean(axis=0)   # 计算各列数据的平均值，即科目平均分
5    data['个人总分'] = stu_sum   # 将计算出的个人总分添加到数据表中
6    data.loc['科目平均分'] = class_mean   # 将计算出的科目平均分添加到数据
     表中
7    print(data)
```

代码运行结果如下:

		语文	数学	物理	个人总分
1					
2	学号				
3	A0001	90.0	80.0	75.0	245.0
4	A0002	100.0	60.0	85.0	245.0
5	A0003	94.0	76.0	91.0	261.0
6	A0004	83.0	93.0	97.0	273.0
7	A0005	97.0	68.0	64.0	229.0
8	科目平均分	92.8	75.4	82.4	NaN

7.4.2 describe() 函数——获取数据分布情况

pandas 模块中的 describe() 函数用于获取数据的分布情况,包括数据的个数、均值、最值、方差、分位数等。其语法格式如下:

表达式.describe()

参数说明:

表达式:一个 Series 对象(通常为从 DataFrame 对象中选取的一列或一行)或 DataFrame 对象。

应用场景 1   获取整个数据表的数据分布情况

◎ 代码文件:describe()函数1.py
◎ 数据文件:统计表.xlsx

本案例要先从工作簿"统计表.xlsx"的第 1 个工作表中读取数据,然后使用 describe() 函数获取整个数据表的数据分布情况。演示代码如下:

```
1    import pandas as pd  # 导入pandas模块并简写为pd
2    data = pd.read_excel('F:\\python\\第7章\\统计表.xlsx', sheet_name=
```

```
0)   # 读取工作簿中第1个工作表的数据
3    a = data.describe()   # 获取整个数据表的数据分布情况
4    print(a)   # 输出获取的分布情况
```

代码运行结果如下：

```
1              出库数量        单价          出库金额
2    count   7.000000      7.000000     7.000000
3    mean    122.857143    210.000000   29914.285714
4    std     211.952376    299.443929   61538.400710
5    min     10.000000     20.000000    200.000000
6    25%     25.000000     30.000000    1650.000000
7    50%     50.000000     60.000000    2400.000000
8    75%     75.000000     240.000000   17750.000000
9    max     600.000000    850.000000   168000.000000
```

从运行结果可以看出，describe() 函数默认只对数值型列进行统计。统计结果中各行的含义分别为总个数、平均值、标准差、最小值、25% 分位数、50% 分位数、75% 分位数、最大值。

应用场景 2　获取指定列的数据分布情况

◎ 代码文件：describe()函数2.py
◎ 数据文件：统计表.xlsx

本案例要先从工作簿 "统计表.xlsx" 的第 1 个工作表中读取数据，然后使用 describe() 函数获取 "出库数量" 列的数据分布情况。演示代码如下：

```
1    import pandas as pd   # 导入pandas模块并简写为pd
2    data = pd.read_excel('F:\\python\\第7章\\统计表.xlsx', sheet_name=
```

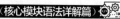

```
0)   # 读取工作簿中第1个工作表的数据
3   a = data['出库数量'].describe()   # 获取"出库数量"列的数据分布情况
4   print(a)   # 输出获取的分布情况
```

代码运行结果如下：

```
1   count          7.000000
2   mean           122.857143
3   std            211.952376
4   min            10.000000
5   25%            25.000000
6   50%            50.000000
7   75%            75.000000
8   max            600.000000
9   Name: 出库数量, dtype: float64
```

7.4.3 corr() 函数——计算相关系数

相关系数通常用来衡量两个或多个元素之间的相关程度。DataFrame 对象的 corr() 函数用于计算相关系数。其语法格式如下：

表达式.corr()

参数说明：

表达式：一个 DataFrame 对象。

 应用场景　计算各列数据之间的相关系数

 ◎ 代码文件：corr()函数.py
◎ 数据文件：销售额统计表.xlsx

下图所示为工作簿"销售额统计表.xlsx"的第 1 个工作表中的数据表。

	A	B	C	D	E
1	序号	广告费用（万元）	成本费用（万元）	销售利润（万元）	
2	1	15	3	20	
3	2	16	4	24	
4	3	20	3	30	
5	4	22	2	35	
6	5	25	6	40	
7	6	28	4	44	
8	7	32	5	50	
9	8	35	4	55	

Sheet1　Sheet2　＋

下面使用 corr() 函数计算该工作表中各列数据之间的相关系数。演示代码如下：

```
1  import pandas as pd   # 导入pandas模块并简写为pd
2  data = pd.read_excel('F:\\python\\第7章\\销售额统计表.xlsx', sheet_
   name=0, index_col='序号')  # 读取工作簿中第1个工作表的数据
3  a = data.corr()  # 计算各列数据之间的相关系数
4  print(a)  # 输出计算结果
```

代码运行结果如下：

		广告费用（万元）	成本费用（万元）	销售利润（万元）
1		广告费用（万元）	成本费用（万元）	销售利润（万元）
2	广告费用（万元）	1.000000	0.203988	0.985442
3	成本费用（万元）	0.203988	1.000000	0.258724
4	销售利润（万元）	0.985442	0.258724	1.000000

运行结果是一个相关系数矩阵，第 4 行第 2 列的数值为 0.985442，代表销售利润与广告费用的相关系数，其余单元格中数值的含义依此类推。需要说明的是，从左上角至右下角的对角线上的数值代表变量自身与自身的相关系数，因而都为 1。

相关系数的取值范围为 [-1, 1]，系数为正值表示存在正相关性，为负值表示存在负相关性，为 0 表示不存在线性相关性。相关系数的绝对值越大，说明相关性越强。因此，从上述矩阵可以得出结论：销售利润与广告费用之间存在较强的线性正相关性，与成本费用之间的线性相关性较弱。

7.4.4 groupby() 函数——分组汇总数据

DataFrame 对象的 groupby() 函数用于对数据进行分组。其语法格式如下:

表达式.groupby(by)

参数说明:

表达式: 一个 DataFrame 对象。

by: 指定作为分组依据的列。可以是单个列标签, 也可以是包含多个列标签的列表。

使用 groupby() 函数对数据进行分组后, 可以使用 for 语句遍历分组后的数据, 将各组数据取出, 还可以使用 sum()、mean()、count() 等统计函数对各组数据进行统计计算, 后面会结合具体案例来讲解。

应用场景 1　按单列对数据进行分组

◎ 代码文件: groupby()函数1.py
◎ 数据文件: 销售表.xlsx

本案例要先从工作簿 "销售表.xlsx" 的第 1 个工作表中读取数据, 再使用 groupby() 函数对读取的数据按 "产品名称" 列进行分组。演示代码如下:

```
1   import pandas as pd  # 导入pandas模块并简写为pd
2   data = pd.read_excel('F:\\python\\第7章\\销售表.xlsx', sheet_name=
    0)  # 读取工作簿中第1个工作表的数据
3   a = data.groupby(by='产品名称')  # 将读取的数据按"产品名称"列分组
4   for name, group in a:  # 遍历分组后的数据
5       print(name)  # 输出分组的名称
6       print(group)  # 输出分组中的数据
```

第 3 行代码将读取的数据按 "产品名称" 列分组。第 4 行代码用 for 语句遍历分组后的数据, 此时循环变量 name 代表分组的名称, group 代表分组中的数据 (一个 DataFrame 对象)。

代码运行结果如下（部分内容从略）：

```
1   操纵杆
2        销售日期     产品名称   成本价   销售价   销售数量   产品成本   销售金额   利润
3    1   2020-01-02 操纵杆     60      109     45        2700      4905      2205
4    5   2020-01-06 操纵杆     60      109     85        5100      9265      4165
5    ············
6   离合器
7        销售日期     产品名称   成本价   销售价   销售数量   产品成本   销售金额   利润
8    0   2020-01-01 离合器     20      55      60        1200      3300      2100
9    3   2020-01-04 离合器     20      55      23        460       1265      805
10   ············
11  组合表
12       销售日期     产品名称   成本价   销售价   销售数量   产品成本   销售金额   利润
13   10  2020-01-11 组合表     850     1248    63        53550     78624     25074
14   13  2020-01-14 组合表     850     1248    600       510000    748800    238800
15   ············
16  转速表
17       销售日期     产品名称   成本价   销售价   销售数量   产品成本   销售金额   利润
18   2   2020-01-03 转速表     200     350     50        10000     17500     7500
19   6   2020-01-07 转速表     200     350     78        15600     27300     11700
20   ············
21  里程表
22       销售日期     产品名称   成本价   销售价   销售数量   产品成本   销售金额   利润
23   4   2020-01-05 里程表     850     1248    26        22100     32448     10348
24   15  2020-01-16 里程表     850     1248    52        44200     64896     20696
25   ············
```

如果要提取指定分组的数据，可以使用 get_group() 函数。在前面代码后继续输入如下代码：

```
1   b = a.get_group('转速表')  # 提取"转速表"分组的数据
2   print(b)  # 输出提取的数据
```

新增代码的运行结果如下（部分内容从略）：

	销售日期	产品名称	成本价	销售价	销售数量	产品成本	销售金额	利润
2	2020-01-03	转速表	200	350	50	10000	17500	7500
6	2020-01-07	转速表	200	350	78	15600	27300	11700
....								

应用场景 2　按单列对数据进行分组后选取指定列做汇总

◎ 代码文件：groupby()函数2.py
◎ 数据文件：销售表.xlsx

本案例要先从工作簿"销售表.xlsx"的第 1 个工作表中读取数据，然后使用 groupby() 函数对读取的数据按"产品名称"列进行分组，再选取指定列做汇总计算（如求和）。演示代码如下：

```
1   import pandas as pd  # 导入pandas模块并简写为pd
2   data = pd.read_excel('F:\\python\\第7章\\销售表.xlsx', sheet_name=
    0)  # 读取工作簿中第1个工作表的数据
3   a = data.groupby(by='产品名称')  # 将读取的数据按"产品名称"列分组
4   b = a['销售数量'].sum()  # 从已分组数据中选取"销售数量"列进行分组求和
5   print(b)  # 输出求和结果
6   print()  # 输出一个空行作为分隔
7   c = a[['销售数量', '利润']].sum()  # 从已分组数据中选取"销售数量"列
    和"利润"列进行分组求和
8   print(c)  # 输出求和结果
```

代码运行结果如下：

```
1    产品名称
2    操纵杆      376
3    离合器      288
4    组合表      904
5    转速表      1093
6    里程表      262
7    Name: 销售数量, dtype: int64
8
9                销售数量    利润
10   产品名称
11   操纵杆      376      18424
12   离合器      288      10080
13   组合表      904      359792
14   转速表      1093     163950
15   里程表      262      104276
```

应用场景 3　　按多列对数据进行分组汇总

◎ 代码文件：groupby()函数3.py
◎ 数据文件：员工档案表3.xlsx

本案例要先从工作簿"员工档案表 3.xlsx"的第 1 个工作表中读取数据，再使用 groupby() 函数对读取的数据按"部门"列和"性别"列进行分组。演示代码如下：

```
1    import pandas as pd   # 导入pandas模块并简写为pd
2    data = pd.read_excel('F:\\python\\第7章\\员工档案表3.xlsx', sheet_
```

```
     name=0)   # 读取工作簿中第1个工作表的数据
3    a = data.groupby(by=['部门', '性别'])   # 将读取的数据先按"部门"列分
     组，再按"性别"列分组
4    for name, group in a:   # 遍历分组后的数据
5        print(name)   # 输出分组的名称
6        print(group)   # 输出分组中的数据
```

代码运行结果如下：

```
1    ('行政部', '男')
2          员工编号    姓名    性别    部门    联系方式      入职时间
3    4    A005      冯**    男     行政部   177****4545   2014-06-09
4    ('财务部', '女')
5          员工编号    姓名    性别    部门    联系方式      入职时间
6    0    A001      孔**    女     财务部   187****8989   2015-01-05
7    ('财务部', '男')
8          员工编号    姓名    性别    部门    联系方式      入职时间
9    3    A004      孙**    男     财务部   183****4578   2010-05-06
10   ('采购部', '女')
11         员工编号    姓名    性别    部门    联系方式      入职时间
12   5    A006      陈**    女     采购部   179****5004   2016-05-09
13   ('销售部', '女')
14         员工编号    姓名    性别    部门    联系方式      入职时间
15   2    A003      钱**    女     销售部   132****8547   2016-05-08
16   ('销售部', '男')
17         员工编号    姓名    性别    部门    联系方式      入职时间
18   1    A002      李**    男     销售部   136****9696   2019-04-05
19   6    A007      程**    男     销售部   181****5252   2017-10-06
```

从运行结果可以看出，按多列进行分组时，分组的名称是一个个元组，由列中的唯一值通过排列组合而得到。此时如果要使用 get_group() 函数提取指定分组的数据，就需要为该函数传入相应的元组作为参数，如 get_group(('销售部', '女'))。

7.4.5　pivot_table() 函数——创建数据透视表

pandas 模块中的 pivot_table() 函数用于制作数据透视表，对数据进行快速分组和汇总计算。其语法格式如下：

pandas.pivot_table(data, values, index, columns, aggfunc,

fill_value, margins, dropna, margins_name)

参数说明：

data：指定用于创建数据透视表的数据（DataFrame 对象）。

values：指定数据透视表的值字段，即要进行汇总计算的列。可为单列或多列。

index：指定数据透视表的行字段，即作为行标签的列。可为单列或多列。

columns：指定数据透视表的列字段，即作为列标签的列。可为单列或多列。

aggfunc：指定值字段的汇总方式，即汇总计算的函数，如 sum、mean。如果要为各个值字段分别设置汇总方式，可用字典的形式给出参数，其中字典的键是值字段的列标签，字典的值是计算函数。

fill_value：指定填充缺失值的内容。默认值为 None，表示不填充。

margins：设置是否显示总计行和总计列。参数值为 False 或省略该参数表示不显示，参数值为 True 则表示显示。

dropna：设置是否丢弃汇总后只包含缺失值的列或行。参数值为 True 或省略该参数表示丢弃，参数值为 False 则表示不丢弃。

margins_name：当参数 margins 为 True 时，用于设置总计行和总计列的标签。

应用场景 1　对单列数据进行单层次分组和汇总计算

◎ 代码文件：pivot_table()函数1.py

◎ 数据文件：各分店销售表.xlsx

下图所示为工作簿“各分店销售表.xlsx”的第 1 个工作表中的数据表。

	A	B	C	D	E	F
1	分店名	产品系列名	销售月份	销量	销售额	
2	成都分店	A系列	1月	56	326	
3	成都分店	B系列	1月	78	251	
4	成都分店	C系列	1月	89	457	
5	成都分店	D系列	1月	85	154	
6	成都分店	A系列	2月	75	124	
7	成都分店	B系列	2月	65	235	
8	成都分店	C系列	2月	55	874	
9	成都分店	D系列	2月	79	451	
10	重庆分店	A系列	1月	55	265	
11	重庆分店	B系列	1月	56	897	

Sheet1

下面从该工作表中读取数据，再使用 pivot_table() 函数创建数据透视表，对“销量”列进行分组求和。演示代码如下：

```
import pandas as pd  # 导入pandas模块并简写为pd
data = pd.read_excel('F:\\python\\第7章\\各分店销售表.xlsx', sheet_name=0)  # 读取工作簿中第1个工作表的数据
a = pd.pivot_table(data, values='销量', index='分店名', columns='销售月份', aggfunc='sum')  # 对“销量”列进行分组汇总，行字段为“分店名”列，列字段为“销售月份”列，汇总方式为求和
print(a)  # 输出创建的数据透视表
```

代码运行结果如下：

```
销售月份  1月  2月
分店名
上海分店  236  237
广州分店  218  219
成都分店  308  274
湖北分店  195  208
重庆分店  216  245
```

应用场景 2　对单列数据进行多层次分组和汇总计算

◎ 代码文件：pivot_table()函数2.py
◎ 数据文件：各分店销售表.xlsx

上一个案例的行字段和列字段均只指定了一列，实现了单层次的分组。本案例则要通过指定多个行字段或列字段，实现多层次的分组。演示代码如下：

```
1   import pandas as pd   # 导入pandas模块并简写为pd
2   data = pd.read_excel('F:\\python\\第7章\\各分店销售表.xlsx', sheet_
    name=0)   # 读取工作簿中第1个工作表的数据
3   a = pd.pivot_table(data, values='销量', index='分店名', columns=['销
    售月份', '产品系列名'], aggfunc='sum')   # 对"销量"列进行分组汇总，行字
    段为"分店名"列，列字段为"销售月份"列和"产品系列名"列，汇总方式为求和
4   print(a)   # 输出创建的数据透视表
```

代码运行结果如下：

销售月份	1月				2月			
产品系列名	A系列	B系列	C系列	D系列	A系列	B系列	C系列	D系列
分店名								
上海分店	55	65	48	68	59	56	57	65
广州分店	77	46	48	47	44	48	58	69
成都分店	56	78	89	85	75	65	55	79
湖北分店	54	15	48	78	59	44	57	48
重庆分店	55	56	48	57	48	65	87	45

从运行结果可以看出，因为代码中设置了两个列字段，所以创建的数据透视表中进行了多层次分组。设置多个行字段的方法也是类似的，读者可以自己实践一下。

应用场景 3 对多列数据分别进行不同的汇总计算

◎ 代码文件：pivot_table()函数3.py

◎ 数据文件：各分店销售表.xlsx

前两个案例只对"销量"列进行了分组求和,本案例则要对"销量"列进行分组求和,对"销售额"列进行分组求平均值。演示代码如下：

```
1   import pandas as pd  # 导入pandas模块并简写为pd
2   data = pd.read_excel('F:\\python\\第7章\\各分店销售表.xlsx', sheet_
    name=0)  # 读取工作簿中第1个工作表的数据
3   a = pd.pivot_table(data, values=['销量', '销售额'], index=['分店名',
    '产品系列名'], aggfunc={'销量': 'sum', '销售额': 'mean'})  # 对"销
    量"列和"销售额"列进行分组汇总, 行字段为"分店名"列和"产品系列名"
    列, 不设置列字段, 汇总方式为对"销量"求和, 对"销售额"列求平均值
4   print(a)  # 输出创建的数据透视表
```

代码运行结果如下：

		销售额	销量
分店名	产品系列名		
上海分店	A系列	393.5	114
	B系列	306.5	121
	C系列	450.0	105
	D系列	588.0	133
广州分店	A系列	738.0	121
	B系列	561.0	94
	C系列	577.5	106
	D系列	498.0	116

11	成都分店	A系列	225.0	131
12		B系列	243.0	143
13		C系列	665.5	144
14		D系列	302.5	164
15	湖北分店	A系列	560.5	113
16		B系列	596.0	59
17		C系列	366.0	105
18		D系列	572.0	126
19	重庆分店	A系列	421.5	103
20		B系列	692.0	121
21		C系列	506.5	135
22		D系列	493.0	102

推荐阅读

四大工具： Requests 库、Selenium 库、正则表达式、BeautifulSoup 库

两大难点： 多线程 / 多进程爬虫、IP 反爬机制应对

42 个爬虫实战案例，包含 3000 余行代码，涉及 17 个网站的数据与文件获取

详解网络爬虫的四大工具和两大难点，揭秘 Python 爬虫在商业实战中的应用

三大法宝： Cookie 模拟登录、验证码识别、Ajax 动态请求破解

两大框架： Scrapy、Flask

30 个爬虫实战案例，包含 2800 余行代码，涉及 10 个网站和 App 的数据爬取

三大法宝突破反爬机制，两大框架搭建商业项目，拓展 Python 的应用领域